红树林地埋管道原位生态养殖系统

范航清　苏治南　王　欣等　著

U0307434

科学出版社

北京

内 容 简 介

　　本书是对一种红树林可持续开发利用创新模式的总结，反映了地埋管道原位生态养殖系统的研发工作及其取得的成果。全书共分为九章，第一章详细介绍了现有红树林养殖模式及其存在问题，第二章到第九章分别介绍了地埋管道原位生态养殖系统的研发历程、原理技术、构建过程、适养动物及苗种供给、运行管理、内部环境特征、人工恢复红树林的健康评价和在人工红树林湿地的应用等方面的最新研究成果。本书展示了红树林保护与合理利用可借鉴的典型案例，探索了解决传统养殖跟红树林争夺滩涂空间难题的一个新途径。

　　本书可供海洋生态、环境科学和农林渔业等相关学科的科技工作者、学生阅读，亦可作为滨海资源管理和生产部门的工作人员参考书。

图书在版编目（CIP）数据

红树林地埋管道原位生态养殖系统/范航清等著. —北京：科学出版社，2020.6

ISBN 978-7-03-063993-6

Ⅰ.①红… Ⅱ.①范… Ⅲ.①红树林–生态恢复–研究–中国　Ⅳ.①S796

中国版本图书馆CIP数据核字（2019）第300336号

责任编辑：朱　瑾/责任校对：严　娜
责任印制：吴兆东/封面设计：无极书装

科 学 出 版 社 出版
北京东黄城根北街16号
邮政编码：100717
http://www.sciencep.com

北京虎彩文化传播有限公司 印刷
科学出版社发行　各地新华书店经销
*

2020年6月第 一 版　开本：720×1000　1/16
2020年6月第一次印刷　印张：9 3/4
字数：200 000

定价：**138.00元**
（如有印装质量问题，我社负责调换）

前　言

2017年4月19日，习近平总书记在考察广西北海金海湾红树林生态保护区时指示，一定要尊重科学、落实责任，把红树林保护好。红树林是海上森林，在7000万年前诞生在地球上，在大约6000年前才出现在我国东南沿海的滩涂上。红树林在消浪护堤、保护渔业资源和海洋生物多样性、净化海水、固碳储碳、改善海岸景观、科学研究与教育等方面的价值，在世界16种主要生态系统中排名第四位。毁林养殖是全球尤其是我国和东南亚地区红树林大幅度减少的主要原因。将红树林保护建立在可持续发展的基础上不仅是国际社会梦寐以求的目标，更是一道世界性科技难题。

本书是国家海洋公益性行业科研专项"基于地埋管网技术的受损红树林生态保育研究及示范"（201505028）的总结，该项目由广西红树林研究中心牵头，广东海洋大学、中国科学院植物研究所、国家海洋局[①]第一海洋研究所、国家海洋局天津海水淡化与综合利用研究所、浙江省海洋水产养殖研究所协作完成。该项目的实质是在原创的"红树林地埋管道原位生态养殖系统"基础上进行系统结构优化、机理阐明和前景展望。利用该系统，我们在潮间带滩涂展现了地上种植红树林、地下养殖底栖鱼类、滩涂表层保育贝类的情景，使红树林、海洋动物多样性和生态系统生态服务功能得到快速恢复。

蓦然回首感慨万千。自1993年提出红树林生态养殖设想的那时起，我就无形中陷入梦想与严峻现实交集的漩涡中，走上了一条漫长、焦虑、不被理解的探索之路。即便是在本书即将出版的今天也不能轻言成功，我和我的团队只是在滩涂红树林生态保育关键技术方面进行了一些有益尝试，取得了一定突破，积累了经验，加深了认识，为可持续的红树林生态修复打开了一扇新窗口。例如，原先我们只是将毁弃虾塘简单地用为"水库"，在退潮时为地埋管道系统供水和溶解氧，后来为了不浪费虾塘空间，尽可能多地产生效益，逐步派生出"虾塘纳潮生态混养红树林恢复"的概念与技术，为今天的"虾塘红树林生态农场"建设打下了重要基础。

"红树林地埋管道原位生态养殖系统"技术从试验探索到基本成熟经历了15个

年头。借本书出版之际，我首先要感谢UNEP/GEF（联合国环境规划署/全球环境基金）"扭转南海及泰国湾环境退化趋势"的项目负责人John Pernetta博士，是他高瞻远瞩，没有将我的想法视为天方夜谭，于2006～2007年批准了生态养殖专题经费及追加经费，此后才有广西壮族自治区财政厅、广西壮族自治区科学技术厅和国家海洋局项目的持续资助。其次，要感谢钟云旭、罗砚、倪孔平三位朋友，他们原本是海水养殖单干户，却在冥冥之中成为项目的技术骨干。迫于试验场地的多次调整，他们曾四次搬迁，疲于奔命，住过工棚，钻过茅舍，荡过船屋。倘若没有他们不离不弃的现场守候和技术实践，就不会有今天的成果。再次，借此机会，还要感谢广西壮族自治区海洋研究院的何斌源博士，他在2006～2014年为红树林生态养殖系统做了大量前期工作。最后，要感谢国家海洋公益性行业科研专项协作单位的大力支持与配合。项目的协同攻关不仅阐明了地埋管道原位生态养殖系统的科学原理与应用前景，而且还增进了相互理解，加深了友谊，为广西培养了人才。以厦门大学卢昌义教授为组长的项目专家组多年来给予了指导和大力支持，吴斌博士为本书的完成做了大量工作，在此一并致谢。

问题导向是科技发展的重要推动力，创新技术不仅能应对国家发展需求，而且还可以孕育"人工生态系统生态学"。在党和政府高度重视红树林保护与合理利用的今天，希望本书的出版对即将开展的我国红树林造林和恢复专项行动有所帮助。

"基于地埋管网技术的受损红树林生态保育研究及示范"项目是一个系统工程，涉及专业多，实践性强。本书按任务分工进行总结而后集成，各章执笔人如下。

第一章　范航清　苏治南
第二章　王　欣　范航清　何斌源
第三章　苏治南　范航清　钟云旭　王　欣　倪孔平　罗　砚
第四章　吴　斌　范航清　王　欣　苏治南　钟云旭　倪孔平　罗　砚
第五章　阎　冰　钟云旭　倪孔平　罗　砚
第六章　吴　斌　钟云旭　倪孔平　罗　砚
第七章　范士亮　王洪平　王　晓　孙　萍　蒲新明
第八章　宋创业　任红旭
第九章　刘伟成　李鹏全　郑春芳　陈　琛

广西科学院广西红树林研究中心主任
广西红树林保护与利用重点实验室主任
中国生态学学会红树林生态专业委员会主任委员

2020年3月2日

目　录

第一章
红树林养殖概述

第一节 源于红树林生态养殖的可持续利用问题思考

红树林具有巨大的生态经济价值，但价值不是价格。价值是事物固有的自然属性，大众普惠是其特征。价格是市场交换，与劳动、资本和市场需求密切相关，具有强烈的排他性。红树林的可持续利用指的是对其景观和生态环境价值进行适当的开发利用，在确保整个生态系统生态服务功能完整的前提下，通过价格获取长期的经济效益，实践"绿水青山就是金山银山"的重要思想。

迄今为止，红树林的可持续利用模式主要包括生态旅游、红树林海岸房地产价值提升、自然教育（研学）、生态养殖等几个方面，其中自然教育（研学）近年来发展很快，而药用则需更多的研究。上述可持续利用方式除生态养殖可以按农户为单位开展外，其余的均需要联合的社会组织，基本上依托城市来实现。生态养殖对现阶段我国红树林的修复和恢复具有独特意义。首先，我国绝大部分的红树林生长在经济欠发达的村镇海岸；其次，生态养殖可以以家庭或合作社为生产单位，符合目前我国农村的实情；最后，群众的自觉保护是我国红树林恢复的根本保障。可以预测，随着生活水平的提高与社会进步，上述可持续利用方式一定会被有机结合、综合运用，从而提高单位空间的产出效益。

今天，人们一谈到红树林生态养殖就会下意识地将其与集约化养殖进行对比，得出的结论自然是：生态养殖成本高、产量低、挣钱少、没有应用前景，殊不知红树林区的集约化养殖池塘大量源自毁林围垦，集约化养殖产生的利润实际上不及红树林生态环境价值的零头，数十年的养殖利润往往无法补偿一朝破坏造成的永久性生态损失。因此，在讨论可持续利用时我们必须强调如下几点。

1）可持续利用是一种社会价值观与历史责任感。受生态保护的制约，可持续利用的规模和产出一般有限。在国家强调不以GDP为唯一发展目标的今天，仍有不少地区的可持续发展仅仅停留在口号上，内心里却不以为然。就业是社会稳定的基础，可持续利用是劳动力与资源环境浑然一体的结晶，可以为广大农民就地提供就业和生计。从需求看，自然健康的产品是人类永恒的追求。总之，可持续利用是着眼未来而割舍一部分眼前利益的高尚价值观。

2）可持续利用不是一夜暴富。可持续利用注重的首先是生态效益，其次才是经济效益，具有兼顾公益价值与市场价格的特点，因此其效益由公众受益和市场收益两个方面组成，这是财政资金补助可持续利用生态产品的逻辑基础。

3）可持续利用的关键在于生态溢价。可持续利用生产的产品价格不仅通过交换实物的使用价值实现，而且还通过生态溢价得到提升。例如，我国红树林海岸的房地产价格就比一般的海岸高20%～80%；红树林海鲜价格高于集约化养殖的海鲜价格；越来越多的人自费到红树林湿地体验生态，接受自然教育。一般而言，经济越发达的地区生态溢价越高；如果没有生态溢价，生态产业很难生存与发展。如何通过科普和自然教育提高可持续利用产品的生态溢价是未来的一项重大课题。

4）可持续利用模式的推广应用需要资金扶持与政策配套。为了确保生态健康，可持续利用的基础设施投入一般较高，因此在产业构建时需要资金的扶持，如财政补贴、生态补偿或产业引导资金等。此外，由于可持续利用涉及新领域和新的生产方式，往往超出现行政策法规的涵盖面，因此必须对已有的政策法规进行适应性修订，以促进可持续发展。例如，在清除海洋入侵物种互花米草并恢复红树林时，应该考虑部分或全部免除海域使用金30年，从而促进社会资本利用红树林地埋管道原位生态养殖技术进行困难滩涂的红树林生态修复。生态产业属于大农业，即便是成熟的农业现在也依然需要国家的补贴。相比而言，生态产业应该得到更大的财政激励，因为它创造了巨大的公众社会福利。

5）可持续利用是社会进步的旗帜和灯塔。技术完善、规模扩大、设施与材料的廉价化替代是降低可持续利用成本的必经之路，而且往往是在广大人民群众的参与下实现的，科技创新只是解决了原理、关键技术与模式问题，为社会发展和国家进步树立了旗帜和灯塔。20多年前，我国引进了钢架玻璃温室技术，造价高昂，可其原理和效果却启迪了群众的智慧，此后塑料薄膜替代了玻璃，竹竿绳索取代了钢梁，简易温室终于在全国范围内得到普及。因此，不应为一时的高成本而武断地否定其创新潜在的巨大价值。

6）可持续利用模式的创立应该属于高科技研发活动。可持续利用模式的研究与探索需要经历感受、认知、联想、顿悟、设计与试验验证等过程，是从无到有的飞跃，在投入产出比方面根本无法跟成熟的产业相提并论，因此应该给予研发人员更多的宽容和支持。

第二节　红树林养殖模式

　　红树林养殖是红树林湿地利用的最常见方式，也是红树林湿地经济价值的最直接体现。红树林周边居民为了生计一直致力于尝试各种养殖模式，科学家也在维持周边居民生计的基础上提出各种新思路。本书以是否直接毁坏红树林构建养殖条件为标准将现有的红树林养殖模式分为毁林养殖和不毁林养殖两大类，其中毁林养殖包括围塘养殖、基围养殖、毁林滩涂养殖等，不毁林养殖包括放养家禽、圈围养殖、瓦缸养殖等。

一、毁 林 养 殖

（一）围塘养殖

围塘养殖是分布范围最广、对红树林生态系统破坏性最强的一种养殖模式。大规模的围塘养殖始于20世纪中叶，各国政府鼓励人们将红树林改造成养殖池塘，以此加强粮食安全和改善民生（Hishamunda et al.，2009）。围塘养殖给当地人们带来了可观的经济收入，但也带来了一定的影响。我国海水池塘养殖高速发展始于20世纪80年代，在东南沿海围垦了大量的滩涂和红树林湿地，将其转化为养殖池塘（范航清等，2017），相关调查显示，20世纪的最后20年，我国共消失了12 923hm²的红树林，其中97.6%用于修建养殖池塘（国家林业局森林资源管理司，2002）；国外也是如此，1980～2005年，泰国约376 390hm²的红树林被开垦为养殖池塘（吴培强等，2018）。

围塘养殖的具体做法是利用人工或大型机械将红树林铲除，随后在该区域挖深，将挖起的泥土用于筑起堤坝而形成养殖池塘。铲除红树林建造的一般是常说的低位池，不包含在海堤内建设的高位池。每个养殖池塘面积一般为0.5～5hm²，池水深度为1.5～1.8m，养殖池塘之间或其边缘有完善的进、排水系统。常见养殖池塘的形状大多为矩形、近矩形或近梯形，形状规则，呈连片分布；在丘陵区海汊上，养殖池塘多呈椭圆形或半圆形（李春干和代华兵，2015）。

根据管理强度将围塘养殖划分为3种方式：自然养殖、粗放养殖和集约化养殖。自然养殖是指在养殖池塘内不投放任何苗种和饵料，养殖池塘内的鱼、虾等随着养殖池塘纳潮进入，自然生长，阶段性排干塘内水体进行收获。这种模式的养殖过程基本无投入，风险极低，但产量不稳定且极低，在人口密度低、养殖池塘面积较大的地区仍在使用，如印度尼西亚Mahakam三角洲（Bunting et al.，2013）。粗放养殖一般是指在养殖池塘中投放一定量的苗种，但养殖密度不高，投喂饵料，定期收获，一般常见的为养殖周期在3个月左右的对虾养殖。该模式需投入一定的成本，有一定的经济效益，但养殖成活率较低，收入不稳定，风险较高。相比于前两种养殖模式，集约化养殖是指在养殖池塘中投入高密度的苗种，每日投喂人工饵料2～3次，甚至4次，在养殖过程中不间断充氧，并定期投放调控水质和灭菌杀虫的药物，该模式需要高的运营成本，经济效益高，但风险也极大。

围塘养殖的主要养殖对象为对虾，养殖品种的选择主要取决于苗种的来源。

以中国沿海为例，20世纪90年代之前，以长毛对虾（*Penaeus penicillatus*）为主，苗种主要靠当地养殖户进行天然苗收集，随着斑节对虾育苗技术的发展，20世纪最后10年以斑节对虾（*Penaeus monodon*）为主，进入21世纪以来主要为南美白对虾（*Penaeus vannamei*）。东南亚目前养殖的品种仍以斑节对虾（*P. monodon*）为主。除对虾单一养殖模式外，其他的养殖模式也一直有人在尝试，如卵形鲳（*Trachinotus ovatus*）+宝石鲈（*Scortum barcoo*）与青蟹（*Scylla* spp.）混养，斑节对虾（*P. monodon*）与青蟹（*Scylla* spp.）混养等（韦朝民等，2012）。在越南、泰国、孟加拉国等地区，先后出现了水稻轮种、虾米轮作等模式（Fields-Black，2008；Das et al.，2017），而后还出现了鲻鱼（*Mugil cephalus*）、花鲈（*Lateolabrax japonicus*）、罗非鱼（*Oreochromis mossambicus*）等与水稻进行轮作的模式（Bunting et al.，2017；Nguyen et al.，2018a）。

围塘养殖所建造的养殖池塘需将红树林植株（含繁殖体、幼苗等）、沉积物等清除，红树林生境被完全破坏，这是导致红树林湿地严重丧失的罪魁祸首。随着人们环保意识的逐渐增强，保护红树林越来越受到关注，铲除红树林进行围塘养殖的做法也逐步减少，在我国乃至世界上很多国家已被严令禁止。尽管如此，已有的围塘养殖对红树林的影响并未停止或减少。围塘养殖区多为海湾河口等浅海水域，水体交换速度慢，而养殖池塘又分布集中且面积过大，养殖从业者不科学的开发和管理方式，导致富含氮、磷等污染物质的废水随意排放，对环境造成了很大的危害，严重威胁到周边红树林的生存发展和生态系统的稳定，甚至会引起红树林的大面积死亡（范航清和王文卿，2017；范航清等，2017）。盲目进行围塘养殖还会引起红树林湿地生态系统的失调，害虫特别是鳞翅目的昆虫缺少天敌，导致红树林虫害大量发生。而且这种状况也波及相邻的海藻、盐沼和滨海植被生态系统，对滨海湿地生态系统也产生影响，如两栖类、鸟类、爬行类和哺乳类赖以繁殖、栖息、育幼、过冬迁徙的基地被毁（张涛，2003）。因此，围塘养殖在带来巨大经济利益的同时也产生了严重的环境问题。

（二）基围养殖

基围养殖模式起源于20世纪40年代中期的香港后海湿地，这种养殖模式投入小，不使用饵料，饵料主要依靠自然补充，很少使用化学物品（Johnston et al.，2000b；Bosma et al.，2016）。有研究表明，基围养殖的年净收益高于非红树林养殖系统（Ha et al.，2014）。此外，这种模式不仅可以保护红树林，而且还可以有效降低温室气体排放量（Jonell and Henriksson，2015）。因此，这种"自然"养殖系统被称为"红树林对虾综合养殖系统"，或被称为"环境友好型水产养殖系统"（Ha et al.，2012；Bosma et al.，2016；Basyuni et al.，2018）。该模式削弱了围塘养殖对红树林的砍伐程度，较符合越南、印度尼西亚、马来西亚等国家的发展战略，随后纷纷发展起来（SNV，2014；William and FitzGerald，2002；Jonell and Henriksson，2015）。

基围养殖模式的主要做法是：先砍伐40%～60%的红树林，在红树林中形成较大的深沟，幼虾（如斑节对虾 *P. monodon*）和幼鱼（如弹涂鱼 *Periophthalmus modestus*）随潮汐进入，以池塘底部自然形成的碎屑为食，依靠自然潮汐作用来交换水和储存水（Cha et al.，1997）。这种模式依托红树林的特性，首先，红树林可减缓由气候因素引起的环境动荡（Truong and Do，2018）；其次，红树林有助于降低污染物水平，减轻盐度和浊度的变化（Larsson et al.，1994；Kautsky et al.，1997），沉积物可以过滤和处理毒素；最后，红树林是许多物种的育苗场和栖息地，它们可为养殖提供养分或饵料（Nagelkerken，2009）。因此，这种养殖模式成功率比较高，经济效益比较可观。根据布局构造将基围养殖分为3种类型：①综合系统，红树林平台间沟渠一体化，对虾养殖在红树林之间的沟渠中，红树林种植在平台上，主要在印度尼西亚和越南使用（Binh et al.，1997；Tran and Amararatne，2005）；②分离系统（Johnston et al.，2000a），养殖池塘分布于红树林之间，池塘水可以独立管理，养殖不受红树林的影响，主要在菲律宾和南美洲一些国家使用（Bosma et al.，2016）；③单独系统，用堤坝将养殖池塘与人工红树林分隔开来，人工红树林被用作养殖池塘废水的生物过滤器（Gautier et al.，2001）。此外，还有人提出混合系统，即综合系统和分离系统结合（Bosma et al.，2016）。

由于基围养殖模式的产量较低，如果产出的产品与其他养殖系统产出的产品价格相同，势必造成这种养殖模式效益过低，必将遭到市场的淘汰。为了更好地保护红树林，也为了突出该养殖系统产出的产品更加生态，有关部门引用有机认证这一概念，希望能有效提高基围养殖模式产品的价格，从而提高效益。全球市场对有机食品的需求日益增长，部分消费者愿意为有机产品多付15%～30%的费用（Aschemann-Witzel and Zielke，2017），有机对虾养殖户将从更高的市场价格中大大受益，这将激励更多养殖从业者从事有机对虾的生产（Paul and Vogl，2013；Baumgartner and Nguyen，2017）。根据《自然》杂志和德国著名的有机认证机构"Naturland"标准要求，如果全球将砍伐红树林形成的150万 hm^2 养殖区域通过认证转换为有机水产养殖，须将其50%的面积（约75万 hm^2）恢复为红树林（SNV，2014；VNFF，2014）。若有机水产养殖可依相关要求有序开展，红树林将得到有效恢复，以越南为例，政府对该模式信心十足，希望将有机认证推广至整个海岸的基围养殖（Ha et al.，2012；SNV，2014；Baumgartner et al.，2016），但目前养殖户参与的积极性并不高，有机认证项目是否成功颇受质疑。

从基围养殖的设计理念上看，该模式确实可以有效地利用红树林，但在实际操作过程中却出现了较多的问题。例如，根据越南红树林利用的相关政策，农户可以将分配到的红树林区域其中一部分（20%～40%）转变为农业、水产养殖和住房用地，也就意味着在基围养殖模式中红树林的覆盖率应为60%～80%，养殖户不应砍伐超过40%的红树林（Truong and Do，2018）。而养殖户则更多地认为水面面积越大，产量越高，经济效益越大，因此造成大范围的红树林仍在被砍伐（Forest-Trends et al.，2000；Pas-ong and Lebel，2000；VNFF，2014）。根据目前的状况，大部分基围养殖的红树林覆盖率低于政策所规定的数值，因此如果继续实施该模式，将引起分配给家庭的红树林大量转变为养殖池塘，导致红树林生态系统的生态功能丧失（Truong and Do，2018）。此外，在基围养殖模式的狭长池塘中，水的交换可能受到限制，导致池塘产生废物和垃圾堆积（Tran，2005；Bosma et al.，2016），从而造成红树林周边环境的恶化。少数养殖者对池塘的水位控制不当，将水位控制在树冠之上淹没冠叶，又不及时排放，长此以往，将造成红树林衰弱死亡。另外，长时间晒塘消毒导致红树林长期缺水而枯死（周诗萍等，2002；吕劲，2013）。养殖水面的扩大导致周边红树林净水能力的下降进而在养殖区域内部产生污染（Rönnbäck，1999）。因此，不能进行有效管控导致基围养殖模式产生了很多的环境问题。

（三）毁林滩涂养殖

红树林区蟹类和贝类是红树林中的所谓"永久性"居住者（李复雪等，1989），基本定居在红树林内或林外滩涂的某一区域，即使移动也仅限于小范围。红树林的经济贝类是人们餐桌上重要的美味，也为沿海居民提供了重要的经济来源。但在红树林长势较好的区域往往无法进行埋栖型贝类的养殖，主要原因在于红树林的根系相对繁密，尤其白骨壤（*Avicennia marina*）、无瓣海桑（*Sonneratia apetala*）等的气生根极其密集，而研究表明高密度的根系会阻碍双壳类的定居和生长（Neira et al.，2006），因此，红树林周边的居民经常为了获得更多的经济收入去砍伐红树林，将其变为裸滩，以便进行贝类的养殖。

毁林滩涂养殖的主要做法是，将湿地中的红树植物砍伐，并移除沉积物中的根系，随后将埋栖型贝类如青蛤（*Cyclina sinensis*）、泥蚶（*Tegillarca granosa*）和红树蚬（*Polymesoda erosa*）等苗种撒播在已经平整好的裸滩上进行养殖。一般采取捕大留小的收获方式。青蛤和泥蚶的价格稍高，养殖的人较多，红树蚬价格较低，在广西沿海的收购价大概为3元/kg，养殖的人较少。毁林滩涂养殖的风险低，投入少，但对红树植物产生了毁灭性的危害，同时高密度的贝类养殖可能影响大型底栖动物的多样性。

二、不毁林养殖

（一）放养家禽

在红树林内放养家禽曾经被认为是红树林可持续利用模式的典范，从表面上看，该模式对原有的红树植物没有产生直接的损伤或破坏，鸭子作为红树林放养家禽的主要品种，被称为"红树林海鸭"。20世纪80年代初期，沿海村民在离家不远的红树林中放养鸭子。在我国海南岛海口市演丰镇，红树林咸水鸭凭借其香浓的口味、滑而不腻的口感在省内外声名鹊起，演丰咸水鸭也成为独具海南特色的招牌菜之一。在红树林中觅食的蛋鸭产下的蛋叫海鸭蛋，其营养价值高，味美香醇可口，深受消费者喜爱，在北部湾沿海一带享有盛誉（黄术锦等，2011）。

放养家禽非常简单，需要的成本也较低，只要投入资金购买鸭苗即可，对养殖场地无须进行修建，因为鸭子主要的活动场地就是天然的红树林滩涂，管理起来也十分方便，早上将鸭子赶到红树林下面觅食，红树林内自然资源丰富，鸭子除有滩涂地可以活动外，还有可供嬉戏的水域，水中还有小贝类、小鱼虾可供鸭子食用，晚上鸭子自己回栏舍，早晚鸭子补饲自家产的稻谷、玉米等饵料（林玥和吴淑骁，2012）。

随着红树林海鸭和红树林海鸭蛋的名声越来越响亮，需求量也越来越大，但大量增加的鸭子数量同时也产生了大量的排泄物，严重影响红树林的生态环境，造成底栖动物生长环境质量下降、底栖动物密度和生物量大量减少、土壤颗粒对营养盐和有机质的吸附能力变差，已不能满足红树植物的生长需求（林玥和吴淑骁，2012）。调查研究表明，鸭群反复踩踏使红树林幼苗和成年树的死亡率增大、呼吸根毁坏殆尽，严重破坏底栖动物的生存环境，底栖动物种数量、个体密度和生物量降低（祝阁等，2011）。另有研究表明，放养在红树林中的鸭子把团水虱的天敌蟹类、弹涂鱼等都吃光了，造成团水虱大量繁殖，蛀空红树的树根、树茎，导致红树枯死（李轩甫，2013）。现阶段，很多位于红树林保护区的海鸭养殖场已经搬离，仅剩的部分养鸭场也在保护区管理处或其他执法部门的管控之内，对其养殖数量进行严格把关，禁止大规模开展海鸭养殖。但是，处于红树林保护区之外的红树林区域，海鸭养殖的管理还有待加强。

（二）圈围养殖

潮水的涨落给红树林滩涂带来丰富的饵料生物——小鱼、小虾、小蟹，红树林的枝叶减弱了阳光照射，盘落错综复杂的根部又是躲避敌害的天然屏障（黄建华，2001）。圈围养殖指利用网具、竹子等在红树林湿地中构建起一定范围的围栏，对红树林的特有经济动物开展养殖，这样的养殖模式对红树林的破坏较小，也可以有效利用红树林高生产力的特性。

鉴于红树林湿地受潮汐影响较大，退潮后滩涂有可能直接裸露，因此滩涂围栏养殖选择的动物常为适应这种特性的物种，如中华乌塘鳢（*Bostrychus sinensis*）、大弹涂鱼（*Boleophthalmus pectinirostris*）、青蟹（*Scylla* spp.）等。此外，养殖户可以选择将一定范围的天然潮沟圈进围栏范围，也可以选择人工挖掘一定的潮沟，保证退潮后养殖动物有一定的躲避空间。

该模式对红树林的生态干扰最小，但单位面积产量低，一旦遇到风暴潮极易崩网，此外枯枝落叶易堵塞网眼或划破围网，加上鼠害的影响，需要投入大量的人力进行维护，且回捕率很低，一般不超过15%，收益极低。因此，该模式并未得到大规模的应用。

（三）瓦缸养殖

青蟹（*Scylla* spp.）又称红树林蟹和乐蟹，因其味美、口感好和营养价值高而成为人们追求的优质食品（Trino and Rodriguez，2002）。青蟹一直作为红树林养殖的重要经济品种，甚至有人认为"没有红树林就没有螃蟹"（范航清等，2018）。但是传统的池塘混养、单养等方式均被养殖过程中青蟹自相残杀、青蟹成品捕捞困难等问题困扰，瓦缸青蟹养殖采用一缸一蟹的模式，有效地解决了上述问题。该模式合理利用红树林枝条上附着的小牡蛎作为青蟹饵料，可减轻小牡蛎对红树林的伤害，同时青蟹的排泄物等有机物又可促进红树林的生长，是青蟹、红树林共生共赢的较好的养殖模式（曾尚伟等，2011）。

该模式曾在广西防城港一带较为流行，但随着养殖的开展，逐渐暴露出一系列问题，如投喂管理的过程中频繁踩踏红树林，对红树林湿地造成了一定的影响，且受到病害影响，产量不稳定，经济效益较差，因此，该模式没有得到很大的推广，目前极少人采用该模式进行养殖。

第三节　现有红树林养殖模式存在的问题

随着红树林区养殖业的高速发展，养殖业对红树林生态系统所造成的负面影响也越来越严重，如红树林生境严重丧失、红树林周边海区污染、养殖病害严重等，这不仅制约着红树林养殖业的发展，而且还导致了严重的生态环境问题。

一、红树林生境丧失

红树林养殖造成红树林生境丧失是面临的最严重问题，是全球性问题。有数据表明，1980~2005年，全球红树林面积从约1880万hm^2减少到1520万hm^2，减少了近20%，其中2000~2005年间每年减少10.2万hm^2（FAO，2007）。另有数据证实，在20世纪最后20年全球减少的红树林面积中，其中50%以上是由水产养殖造成的（Valiela et al.，2001）。1990~2000年，全球红树林退化速度为每年1.1%（Philippe et al.，2005），2000~2012年，全球红树林的损失率约为每年0.16%~0.39%（Hamilton and Casey，2016）。有学者估计，如果不加以控制，在接下来的近100年红树林面积还会以每年1%～2%的速度下降，其中的90%发生在发展中国家（Duke et al.，2007），而水产养殖仍是造成这种损失的主要原因（Alongi and Daniel，2002；FAO，2014）。

从红树林分布的各大洲来看，在过去的几十年里，世界上将近一半的红树林面积消失了，其中亚洲的减少幅度最大（FAO，2007；Giri et al.，2011），对虾养殖成为热带和亚热带红树林利用的最重要产业（Sohel and Ullah，2012），也因此造成了红树林的大量丧失，尤以东南亚最为严重（Thomas et al.，2017）。拥有世界上面积最大的红树林（占世界总面积的42%）的东南亚（Giri et al.，2011），在20世纪最后20年因水产养殖损失了50%～80%的红树林（Wolanski et al.，2000）。亚洲陆地资源卫星数据的分析显示，在1975～2005年，水产养殖导致东南亚12%的红树林损失（Giri et al.，2010）。另有数据表明，仅在2000～2012年，东南亚就有超过3万hm²的红树林因水产养殖而被砍伐（Richards and Friess，2016）。南美洲和拉丁美洲也是如此（Ottinger et al.，2016）。截至20世纪末，拉丁美洲20%～50%的红树林被破坏是由对虾养殖造成的（Tobey et al.，1998）。

从各国来看，水产养殖导致世界各国红树林面积急剧下降已成不争的事实（UNEP，2014），对8个典型开展红树林水产养殖的国家（印度尼西亚、巴西、印度、孟加拉国、中国、泰国、越南和厄瓜多尔）进行的一项调查结果显示，红树林损失总面积的28%因水产养殖引起，约54.4万hm²，但各国之间的差异较大（Hamilton，2013；Ahmed et al.，2017）。1980～2000年，中国共消失了12 923hm²的红树林，其中97.6%用于修建养殖池塘（国家林业局森林资源管理司，2002）。以广西为例，1995～2000年，消失的红树林中至少有90%用于修建养殖池塘（黄芹，2006）。20世纪90年代末，印度尼西亚因对虾养殖损失了20多万公顷的红树林，到2000年，损失达到了约44万hm²（FAO and Wetlands International，2006）。据相关研究估计，如果不解决对虾养殖生产力低下的问题，在未来20年将再损失大约60万hm²的红树林，就算加上技术的发展，也将再损失大约46万hm²的红树林（Ilman et al.，2016）。在巴西，以东北部的Potengi河口为例，此河口区域曾拥有1488hm²的红树林，但至今约有30%（约436.60hm²）的红树林被毁，主要原因是对虾养殖的扩张（Souza and Ramos e Silva，2011）。在印度东海岸奥里萨邦的马哈纳迪河三角洲，2006年红树林面积减少2606hm²，而水产养殖面积增加3657hm²（Pattanaik and Prasad，2011），减少的红树林面积主要是用于水产养殖。泰国也不例外，截至20世纪末，有100万～150万hm²的沿海低地被改造成养殖池塘，主要包括盐湖、红树林、沼泽和农田（Páez-Osuna，2001b）。在1991年以前，菲律宾因水产养殖损失的红树林面积至少有14万hm²（Primavera，1991）。越南的红树林总面积从1980年的26.92万hm²减少到2000年的15.75万hm²，对虾养殖是造成红树林损失的最主要原因（FAO，2007）。

二、海区污染

红树林养殖而导致的环境恶化问题已愈演愈烈，这些问题主要包括红树林海区海水严重污染、沉积物质量恶化、海区水文状况直接或间接受到影响等（Páez-Osuna，2001a；Páez-Osuna，2001b；Stanley，2003；Prasad，2012；Chen et al.，2013；Peng et al.，2013）。

红树林海区海水严重污染是由养殖废水排放到周边海区造成的。以围塘养殖为例，为了保证养殖水体的质量，排放养殖废水是常见的做法（Burford et al.，2003），而养殖废水具有高盐度（Páez-Osuna et al.，2003）、高pH（Trott and Alongi，2000）等特点，且含有大量的水体富营养物质（N和P）、叶绿素和悬浮固体等（Costanzo et al.，2004；Islam et al.，2004）。这些废水直接排放到周边海区将引起周边环境盐度和pH升高（Trott and Alongi，2000；Páez-Osunaa et al.，2003）、水体富营养化等问题（Páez-Osuna，2001b；Alongi et al.，2003；Costanzo et al.，2004；Carrasquillahenao et al.，2013；Molnar et al.，2013）。据估算，在中国华南沿海红树林地区，周边养殖池塘排出的溶解无机氮（DIN）含量和溶解无机磷（DIP）含量分别为239.5t/a、42.8t/a，而由养殖池塘沉积物排出的总氮（TN）含量和总磷（TP）含量分别为$2.7×10^5t/a$和$1.7×10^5t/a$（Wu et al.，2014）。对墨西哥集约化对虾养殖的研究发现，其N、P的排放量分别为$359kg/（hm^2·a）$和$42kg/（hm^2·a）$（Zaldivar-Jimenez et al.，2012）。废水的排放量一旦超过环境的承载力就可能引起赤潮的发生（Biswas et al.，2014）。研究表明，养殖废水排放导致了红树林海区水体中溶解的Fe、Cr、Ni和Pb等金属含量的升高（Nguyen et al.，2018b），红树林对金属具有富集作用（Xi et al.，2016），这种富集作用对红树林的影响还有待进一步评估。此外，养殖过程中所使用的抗生素（甲氧苄啶、磺胺甲噁唑、诺氟沙星和草酸等）也会排放到周围的水生生态系统中。据计算，水产养殖池塘中应用的药物重量平均有25%释放到环境中（Rico and Van den Brink，2014）。红树林生态系统也逃不过被污染的厄运（Le and Munekage，2004；Rico and Van den Brink，2014；Farzana and Tam，2018）。

红树林海区的沉积物对N、P等富营养物质及其他污染物具有富集作用（Xi et al.，2016；Jiang et al.，2018），将长期受到红树林养殖的影响。有研究表明，受到养殖污水影响的沉积物，除溶解氧（DO）降低之外，有机质含量、叶绿素a含量、pH、总氮含量、总磷含量、沉积物细颗粒分数等均显著增加（Kohan et al.，2018）。养殖废水增加了红树林沉积物富营养化的风险（Nobrega et al.，2014；Jiang et al.，2018）。由于养殖场地占据了红树林生境，周边的重金属污染也会集中到仅剩的红树林湿地中（Xin et al.，2014；Li et al.，2018），导致Cr、Cu、Cd和Pb等重金属含量明显升高（Wu et al.，2017）。抗生素的滥用及残留早已成为水产养殖最主要的问题之一（Le et al.，2005），而红树林养殖排泄物的残留抗生素（甲氧苄啶、磺胺甲噁唑、诺氟沙星和恶喹酸）也会遗留在周边的沉积物中（Le and Munekage，2004）。因此，红树林养殖已引起周边海区沉积物富营养化、重金属超标、抗生素残留等问题。

有研究表明，虽然红树林对养殖废水中的污染物有一定的清除作用，但是1hm²养殖池塘所产生的污水所含的DIN，需要0.04~0.12hm²的红树林才能完全清除（Rivera-Monroy et al.，1999）。而1hm²养殖池塘所产生的污水所含的DIP，需要6.2hm²或8.9hm²的红树林才能清除（Shimoda et al.，2005）。以中国为例，粗略估算2014年中国东南沿海养殖池塘总面积为240 324hm²（农业部渔业渔政管理局，2015），而红树林的面积仅有25 311.9hm²（范航清和王文卿，2017），养殖池塘面积约为红树林面积的9.5倍。因此，现有的红树林根本无法对养殖产生的大量污染物质进行自然的吸收降解，随着养殖的延续，如果不改变现有的养殖模式，养殖排放物的污染对红树林生态系统及周边海区的影响将会越来越严重。

三、自身污染及养殖病害严重

红树林养殖导致红树林生境丧失、周边海区污染，养殖动物自身也病害频发，制约了红树林养殖业的发展。养殖的自身污染是导致养殖动物病害频发的重要原因。首先，饵料的投喂和化肥、化学品的过度使用已经使养殖水体中的营养物质（主要是N、P）与污染物（细菌、病毒及其他有毒化合物）含量急剧升高（Sohel and Ullah，2012）。其次，过度、无限制地使用抗生素和其他化学品（杀虫剂、化肥）是水产养殖业的一个普遍问题（Ottinger et al.，2016），Holmström等（2010）在泰国的调查结果显示，74%的农民在养殖过程中都使用了抗生素，不加控制地使用抗生素有利于细菌群体产生（多重）耐药性，反过来也会制约药物的有效性（Cabello，2006；Primavera，2006）。而所使用的抗生素等有毒化学药品大量残留在养殖水体或沉积物中（Le and Munekage，2004；Rico and Van den Brink，2014；Farzana and Tam，2018），对周边红树林等生态系统的生态安全造成了潜在的威胁。最后，高度拥挤的养殖区不仅增加了疾病的发生，也便于疾病的迅速传播（Huitric et al.，2002），这都增加了养殖动物发病的概率。

疾病一直困扰养殖业的发展，成为各国红树林养殖业发展的最大障碍（Paul and Vogl，2011；FAO，2016；Malik et al.，2017）。1996年，孟加拉国暴发白斑综合征病毒，造成高达44.4%的生产损失（Mazid and Banu，2002；Hossain et al.，2013）；由于疾病等的困扰，泰国的对虾总产量从1994年的25万t下降到1997年的15万t，越南对虾在1997年发生了4次大规模的疾病（Chanratchakool and Phillips，2002）；受到疾病的严重影响，柬埔寨的许多池塘被遗弃，对虾产量从1995年的731t下降到2002年的52t，许多池塘被遗弃（FAO and Wetlands International，2006）。由于底质和水体污染，近年来中国的对虾肝胰腺坏死综合征（HPNS）频繁暴发，发病的养殖池塘基本上绝收（文国樑等，2015）。

疾病扰乱了许多国家特定物种的生产，使水产品进出口无法有序进行（Leung and Bates，2013），同时由于疾病的困扰，养殖池塘生产力一旦降低，许多水产养殖场则被遗弃（黄芹，2006）。国内外大量的事实表明，新养殖池塘在养殖2～3年就会形成严重的污染，导致对虾养殖病害频发，养殖成功率大幅度下降，养殖成功率长期徘徊在35%左右，且只有45%的养殖池塘真正用于生产（范航清等，2017）。而对于当地的养殖户而言，大多数受教育程度低、缺乏水产养殖经验、技术支持不足，一旦养殖失败将使他们的生活陷入困境（Mazid and Banu，2002）。因此，养殖业的疾病已俨然成为影响养殖户收入的最大因素，一旦问题恶化还会导致沿海居民流离失所，引起社会动荡和冲突（Didar-Ul Islam and Bhuiyan，2016）。

四、滨海景观破碎，海岸灾害风险加剧

自20世纪70年代中期以来，水产养殖生产在沿海地区得到了极大的发展，并促使沿海湿地大规模转变为养殖池塘（Bostock et al.，2010；Ottinger et al.，2016），也因此造成了湿地生境的大规模丧失，景观破碎化在红树林区十分普遍（Peng et al.，2013）。以广西为例，养殖池塘的面积日益扩大，新开挖的养殖池塘经3～4年养殖，常因病害频发而废弃不用或改作他用，但已难恢复或根本无法恢复其原有的景观地貌。养殖户继续去开挖新塘，然后再废弃，周而复始，因而滨海景观遭受严重破坏已成为不争的事实（黄芹，2006）。随着废弃养殖池塘的日益增加，黄芹（2006）估计废弃或使用率低下的对虾养殖池塘约占目前广西对虾养殖总面积的30%，但范航清等（2017）估计毁弃或使用率低下的对虾养殖池塘约占55%，滨海景观已向荒漠化发展。导致滨海景观破碎化的最主要原因是当前养殖模式的弊端，若要停止或修复滨海景观的破碎，必须找出一种可持续利用的养殖模式。

红树林水产养殖不会直接导致自然灾害的发生，但会提高自然灾害发生时的危险系数，其中海岸侵蚀是最明显的现象。根据1961年的评估，泰国南部海岸大约60%的地方有红树林存在，但在过去的几十年里，由于养殖等，红树林已减少了约90%，东海岸的红树林剩下不到原来的10%，伴随而来的是严重的海岸侵蚀，但红树林存在区域的侵蚀率较低，而被对虾养殖池塘占据的区域侵蚀则很严重（Thampanya et al.，2006）。在恒河-雅鲁藏布江三角洲、湄公河三角洲和戈达瓦里河三角洲，对虾养殖业的快速扩张造成红树林大面积损失，导致沉积模式的改变和海岸侵蚀（Ramasubramanian et al.，2006；Sohel and Ullah，2012；Nguyen，2014）。尼日利亚西南海岸也遭受了严重的侵蚀（Fasona and Omojola，2009）。此外，红树林水产养殖导致的红树林湿地丧失也会间接加剧海平面上升（Nicholls et al.，1999；Wassmann et al.，2004；Smajgl et al.，2015）。

对虾养殖池塘的高蒸发和海水入渗（Verdegem and Bosma，2009）导致盐度上升，必须依靠抽取大量地下淡水进行补充（Paul and Vogl，2011），进而导致水产养殖区域因地下水缺失而造成的一系列灾害发生。由于养殖面积的扩大，植被覆盖的滨海湿地大量丧失，未来气候变化条件下与滨海洪涝相关的潜在灾害风险日益加大（Tian et al.，2016）。养殖业引起红树林缺失，降低了红树林减少温室效应的功能，间接导致了该地区或全球气候的变化，又反过来对养殖业产生影响（Ahmed and Glaser，2016）。

第四节　红树林地埋管道原位生态养殖系统新模式

随着红树林保护行动的推进、人们环保意识的增强，人们已不仅是关注红树林养殖可提供的食物来源和经济利益，也注意到了红树林养殖产生的一系列环境问题。对于进行红树林养殖的人们来说，他们更加清楚红树林养殖所带来的问题，但是他们不得不继续开展养殖，因为这就是他们的生计。因此，为红树林区域居民寻求新的生产方式，把红树林湿地由以前的破坏型利用，改变为保护型利用，将红树林巨大的生态价值转变为生态产业优势，形成"保护红树林就是保护钱袋子"的理念，化被动保护为主动保护，这已成为我国乃至全球红树林可持续利用的一个重大战略需求。

在地埋管道系统保育模式被创建之前，世界各国尚未形成红树林资源的生态、经济和社会可持续利用模式。红树林地埋管道原位生态养殖技术的开发，成为解决红树林保护和开发之间矛盾的可行措施。红树林地埋管道原位生态养殖技术为我国首创，主要是利用滩涂地表以下空间，对地表环境、红树林和其他生物影响甚微，既能保障周边居民的生产活动，取得高于现有红树林滩涂渔业的收益，又可实现对红树林的有效保护。

红树林地埋管道原位生态养殖系统能够同时满足如下生态与可持续原则。

①对环境的影响小：不砍伐红树林，不占用红树林生境，不改变红树林滩涂的自然地形地貌；②促进红树林生长与恢复；③有利于生态系统生物多样性的恢复与维持；④有助于周边社区发展海洋生态经济，减轻贫困：大幅度提高单位面积的经济收入，提供替代生计；⑤提高保护恢复红树林的自觉意识，形成可持续的红树林保护激励性机制。

　　红树林地埋管道原位生态养殖系统解决了红树林与围塘养殖争夺滩涂空间的矛盾，解决了退潮后红树林潮间带没有流动海水、不进行筑坝或修塘就无法进行鱼类保育的世界性难题，建立了适合于潮间带鱼类和贝类保育的新模式。该系统进行林内鱼类和贝类的保育与增殖，扩展海洋优质蛋白的产出空间，实现生态系统结构、生物多样性及功能的整体恢复，为我国红树林的修复与可持续利用提供样板。同时，该系统将红树林巨大的生态价值转化为经济价值，提供周边居民的替代生计，有助于社区居民脱贫，以及提高其自觉保护与恢复红树林的生态意识。该系统不仅适用于红树林，而且可应用到外来入侵物种互花米草滩涂生境中，为退化滩涂的生态恢复和再利用提供生态经济学途径。

参 考 文 献

范航清, 王文卿. 2017. 中国红树林保育的若干重要问题. 厦门大学学报(自然科学版), (3): 323-330.

范航清, 阎冰, 吴斌, 等. 2017. 虾塘还林及其海洋农牧化构想. 广西科学, (2): 127-134.

范航清, 等. 2018. 红树林. 南宁: 广西科学技术出版社.

国家林业局森林资源管理司. 2002. 全国红树林资源调查报告.

黄建华. 2001. 红树林滩涂围养中华乌塘鳢的可行性探讨. 水产科技, (5): 5-6.

黄芹. 2006. 警惕对虾养殖对广西滨海湿地的危害——关于广西滨海湿地开发与可持续利用的专题调研报告. 南方国土资源, (4): 30-33.

黄术锦, 莫晓霞, 童彬. 2011. 东兴市海鸭蛋产业的现状及发展对策. 广西畜牧兽医, 27(6): 336-337.

李春干, 代华兵. 2015. 不同因子驱动下通过不同途径发生的红树林斑块数量和面积变化量的计量方法. 生态学报, 35(6): 1713-1726.

李复雪, 高世和, 周时强. 1989. 福建沿海红树林区的动物资源及其开发利用. 福建水产, (4): 18-23.

李轩甫. 2013. 咸水鸭养殖与红树林保护大博弈——海南首例环境公益诉讼案始末. 中国经贸导刊, (33): 53-55.

林玥, 吴淑骁. 2012. 养鸭场搬了 红树林美了——海口市美兰区检察院提起全省首例环境保护公益诉讼始末. 海南人大, (10): 45-46.

吕劲. 2013. 围塘养殖对红树林生态系统的影响. 昆明: 2013中国环境科学学会学术年会.

农业部渔业渔政管理局. 2015. 2015中国渔业统计年鉴. 北京: 中国农业出版社.

韦朝民, 曾尚伟, 檀宁, 等. 2012. 几种锯缘青蟹健康养殖技术. 科学养鱼, (10): 29-30.

文国樑, 曹煜成, 徐煜, 等. 2015. 养殖对虾肝胰腺坏死综合症研究进展. 广东农业科学, 42(11): 118-123.

吴培强, 张杰, 马毅, 等. 2018. 1980—2015年间泰国红树林资源变化的遥感监测与分析. 海洋科学进展, 36(3): 412-422.

曾尚伟, 吴喜标, 裴琨. 2011. 红树林滩涂瓦缸养殖锯缘青蟹关键技术. 中国水产, (1): 43-44.

张涛. 2003. 我国滩涂增养殖业存在的问题与应对措施. 齐鲁渔业, (5): 16-17.

周诗萍, 戴垂武, 唐真正, 等. 2002. 儋州市沿海基围湿地红树林现状及发展对策. 热带林业, 30(4): 30-31.

祝阁, 钟才荣, 李诗川, 等. 2011. 海南东寨港集约化海鸭养殖对红树林的影响. 温州: 中国第五届红树林学术会议.

Ahmed N, Glaser M. 2016. Coastal aquaculture, mangrove deforestation and blue carbon emissions: is REDD plus a solution? Marine Policy, 66: 58-66.

Ahmed N, Thompson S, Glaser M. 2017. Integrated mangrove-shrimp cultivation: potential for blue carbon sequestration. Ambio, 47(4): 441-452.

Alongi D M, Chong V C, Dixon P, et al. 2003. The influence of fish cage aquaculture on pelagic carbon flow and water chemistry in tidally dominated mangrove estuaries of peninsular Malaysia. Marine Environmental Research, 55(4): 313-333.

Alongi D M. 2002. Present state and future of the world's mangrove forests. Environmental Conservation, 29(3): 331-349.

Aschemann-Witzel J, Zielke S. 2017. Can't buy me green? A review of consumer perceptions of and behavior toward the price of organic food. Journal of Consumer Affairs, 51(1): 2011-2251.

Basyuni M, Yani P, Hartini K S, et al. 2018. Evaluation of mangrove management through community-based silvofishery in North Sumatra, Indonesia. IOP Conference Series: Earth and Environmental Science, 122: 1-7.

Baumgartner U, Kell S, Nguyen T H. 2016. Arbitrary mangrove-to-water ratios imposed on shrimp farmers in Vietnam contradict with the aims of sustainable forest management. SpringerPlus, 5: 438-447.

Baumgartner U, Nguyen T H. 2017. Organic certification for shrimp value chains in Ca Mau, Vietnam: a means for improvement or an end in itself? Environment, Development and Sustainability, 19(3): 987-1002.

Binh C T, Phillips M J, Demaine H. 1997. Integrated shrimp–mangrove farming systems in the Mekong delta of Vietnam. Aquaculture Research, 28(8): 599-610.

Biswas S N, Rakshit D, Sarkar S K, et al. 2014. Impact of multispecies diatom bloom on plankton community structure in Sundarban mangrove wetland, India. Marine Pollution Bulletin, 85(1): 306-311.

Bosma R H, Nguyen T H, Siahainenia A J, et al. 2016. Shrimp-based livelihoods in mangrove silvo-aquaculture farming systems. Reviews in Aquaculture, 8(1): 43-60.

Bostock J, Andrew B M, Richards R, et al. 2010. Aquaculture: global status and trends. Philos Trans R Soc Lond B Biol Sci, 365(1554): 2897-2912.

Bunting S W, Bosma R H, van Zwieten P A M, et al. 2013. Bioeconomic modeling of shrimp aquaculture strategies for the Mahakam Delta, Indonesia. Aquaculture Economics & Management, 17(1): 51-70.

Bunting S W, Kundu N, Ahmed N. 2017. Evaluating the contribution of diversified shrimp-rice agroecosystems in Bangladesh and West Bengal, India to social-ecological resilience. Ocean & Coastal Management, 148: 63-74.

Burford M A, Costanzo S D, Dennison W C, et al. 2003. A synthesis of dominant ecological processes in intensive shrimp ponds and adjacent coastal environments in NE Australia. Marine Pollution Bulletin, 46(11): 1456-1469.

Cabello F C. 2006. Heavy use of prophylactic antibiotics in aquaculture: a growing problem for human and animal health and for the environment. Environmental Microbiology, 8(7): 1137-1144.

Carrasquillahenao M, Ocampo H A G, González A L, et al. 2013. Mangrove forest and artisanal fishery in the southern part of the Gulf of California, Mexico. Ocean & Coastal Management, 83(10): 75-80.

Cha M W, Young L, Wong K M. 1997. The fate of traditional extensive (gei wai) shrimp farming at the Mai Po Marshes Nature Reserve, Hong Kong. Hydrobiologia, 352(1-3): 295-303.

Chanratchakool P, Phillips M J. 2002. Social and economic impacts and management of shrimp disease among small-scale farmers in Thailand and Vietnam. In: Arthur R J, Phillips M J, Subasinghe R P, et al. Primary Aquatic Animal Health Care in Rural, Small-scale, Aquaculture Development. Dhaka, Bangladesh: FAO.

Chen C F, Nguyen-Thanh S, Chang N B, et al. 2013. Multi-Decadal mangrove forest change detection and prediction in Honduras, Central America, with landsat imagery and a markov chain model. Remote Sensing, 5(12): 6408-6426.

Costanzo S D, O'Donohue M J, Dennison W C. 2004. Assessing the influence and distribution of shrimp pond effluent in a tidal mangrove creek in north-east Australia. Marine Pollution Bulletin, 48(5-6): 514-525.

Das M, Verma O P, Swain P, et al. 2017. Impact of brackishwater shrimp farming at the interface of rice growing areas and the prospects for improvement in coastal India. Journal of Coastal Conservation, 21(6): 981-992.

Didar-Ul Islam S M, Bhuiyan M A H. 2016. Impact scenarios of shrimp farming in coastal region of Bangladesh: an approach of an ecological model for sustainable management. Aquaculture International, 24(4): 1163-1190.

Duke N C, Meynecke J O, Dittmann S, et al. 2007. A world without mangroves? Science, 317(5834): 41-42.

FAO. Wetlands International. 2006. Mangrove guidebook for Southeast Asia. Bangkok: FAO Regional Office for Asia and the Pacific: 29-60.

FAO. 2007. The World's Mangroves 1980-2005. Rome: FAO: 9-29.

FAO. 2014. The State of World Fisheries and Aquaculture 2014. Rome: FAO: 219.

FAO. 2016. The state of world fisheries and aquaculture: contributing to food security and nutrition for all. Rome: FAO: 7-65.

Farzana S, Tam N F Y. 2018. A combined effect of polybrominated diphenyl ether and aquaculture effluent on growth and antioxidative response of mangrove plants. Chemosphere, 201: 483-491.

Fasona M, Omojola A. 2009. Land cover change and land degradation in parts of the southwest coast of Nigeria. African Journal of Ecology, 47: 30-38.

Fields-Black E L. 2008. Untangling the many roots of West African mangrove rice farming: rice technology in the Rio Nunez region, earliest times to c.1800. Journal of African History, 49(1): 1-21.

Forest-Trends, GTZ, SNV, et al. 2000. Roots in the water: legal frameworks for mangrove PES in Vietnam. Washington.

Gautier D, Amador J, Newmark F. 2001. The use of mangrove wetland as a biofilter to treat shrimp pond effluents: preliminary results of an experiment on the Caribbean coast of Colombia. Aquaculture Research, 32(10): 787-799.

Giri C, Ochieng E, Tieszen L L, et al. 2011. Status and distribution of mangrove forests of the world using earth observation satellite data. Global Ecology & Biogeography, 20(1): 154-159.

Giri C, Zhu Z, Tieszen L, et al. 2010. Mangrove forest distributions and dynamics (1975-2005) of the tsunami-affected region of Asia. Journal of Biogeography, 35(3): 519-528.

Ha T T P, Bush S R, Mol A P J, et al. 2012a. Organic coasts? Regulatory challenges of certifying integrated shrimp-mangrove production systems in Vietnam. Journal of Rural Studies, 28(4): 631-639.

Ha T T P, van Dijk H, Bush S R. 2012b. Mangrove conservation or shrimp farmer's livelihood? The devolution of forest management and benefit sharing in the Mekong Delta, Vietnam. Ocean & Coastal Management, 69: 185-193.

Ha T T P, van Dijk H, Visser L. 2014. Impacts of changes in mangrove forest management practices on forest accessibility and livelihood: a case study in mangrove-shrimp farming system in Ca Mau Province, Mekong Delta, Vietnam. Land Use Policy, 36: 89-101.

Hamilton S. 2013. Assessing the role of commercial aquaculture in displacing mangrove forest. Bulletin of Marine Science, 89(2): 585-601.

Hamilton S, Casey D. 2016. Creation of a high spatiotemporal resolution global database of continuous mangrove forest cover for the 21st Century (CGMFC-21). Global Ecology & Biogeography, 25(6): 729-738.

Hishamunda N, Ridler N B, Bueno P, et al. 2009. Commercial aquaculture in Southeast Asia: some policy lessons. Food Policy, 34(1): 102-107.

Holmström K, Gräslund S, Wahlström A, et al. 2010. Antibiotic use in shrimp farming and implications for environmental impacts and human health. International Journal of Food Science & Technology, 38(3): 255-266.

Hossain M S, Uddin M J, Fakhruddin A N M. 2013. Impacts of shrimp farming on the coastal environment of Bangladesh and approach for management. Reviews in Environmental Science and Bio-Technology, 12(3): 313-332.

Huitric M, Folke C, Kautsky N. 2002. Development and government policies of the shrimp farming industry in Thailand in relation to mangrove ecosystems. Ecological Economics, 40(3): 441-455.

Ilman M, Dargusch P, Dart P, et al. 2016. A historical analysis of the drivers of loss and degradation of Indonesia's mangroves. Land Use Policy, 54: 448-459.

Islam M S, Sarker M J, Yamamoto T, et al. 2004. Water and sediment quality, partial mass budget and effluent N loading in coastal brackishwater shrimp farms in Bangladesh. Marine Pollution Bulletin, 48(5): 471-485.

Jiang S, Lu H, Liu J, et al. 2018. Influence of seasonal variation and anthropogenic activity on phosphorus cycling and retention in mangrove sediments: a case study in China. Estuarine Coastal and Shelf Science, 202: 134-144.

Johnston D, Trong N V, Tien D V, et al. 2000a. Shrimp yields and harvest characteristics of mixed shrimp-mangrove forestry farms in southern Vietnam: factors affecting production. Aquaculture, 188(3-4): 263-284.

Johnston D, Trong N V, Tuan T T, et al. 2000b. Shrimp seed recruitment in mixed shrimp and mangrove forestry farms in Ca Mau Province, Southern Vietnam. Aquaculture, 184(1-2): 89-104.

Jonell M, Henriksson P J G. 2015. Mangrove-shrimp farms in Vietnam-comparing organic and conventional systems using life cycle assessment. Aquaculture, 447: 66-75.

Kautsky N, Berg H, Folke C, et al. 1997. Ecological footprint for assessment of resource use and development limitations in shrimp and tilapia aquaculture. Aquaculture Research, 28(10): 753-766.

Kohan A, Badbardast Z, Kohan A. 2018. Effects of shrimp effluents on mudskippers (Gobiidae: Oxudercinae) in the northern Persian Gulf. Marine Environmental Research, 136: 174-178.

Larsson J, Folke C, Kautsky N. 1994. Ecological limitations and appropriation of ecosystem support by shrimp farming in Colombia. Environmental Management, 18(5): 663-676.

Le T X, Munekage Y, Kato S. 2005. Antibiotic resistance in bacteria from shrimp farming in mangrove areas. Science of the Total Environment, 349(1-3): 95-105.

Le T X, Munekage Y. 2004. Residues of selected antibiotics in water and mud from shrimp ponds in mangrove areas in Viet Nam. Marine Pollution Bulletin, 49(11-12): 922-929.

Leung T L F, Bates A E. 2013. More rapid and severe disease outbreaks for aquaculture at the tropics: implications for food security. Journal of Applied Ecology, 50(1): 215-222.

Li R, Qiu G Y, Chai M, et al. 2018. Effects of conversion of mangroves into gei wai ponds on accumulation, speciation and risk of heavy metals in intertidal sediments. Environmental Geochemistry and Health, 41: 159-174.

Malik A, Mertz O, Fensholt R. 2017. Mangrove forest decline: consequences for livelihoods and environment in South Sulawesi. Regional Environmental Change, 17(1): 1-13.

Mazid M A, Banu A N H. 2002. An overview of the social and economic impact and management of fish and shrimp disease in bangladesh, with an emphasis on small-scale aquaculture. In: Arthur R J, Phillips M J, Subasinghe R P, et al. Primary Aquatic Animal Health Care in Rural, Small-scale, Aquaculture Development. Dhaka, Bangladesh: FAO.

Molnar N, Welsh D T, Marchand C, et al. 2013. Impacts of shrimp farm effluent on water quality, benthic metabolism and N-dynamics in a mangrove forest (New Caledonia). Estuarine Coastal and Shelf Science, 117: 12-21.

Nagelkerken I A. 2009. The habitat function of mangroves for terrestrial and marine fauna: a review. Aquatic Botany, 89(2): 155-185.

Neira C, Grosholz E D, Levin L A, et al. 2006. Mechanisms generating modification of benthos following tidal flat invasion by a Spartina hybrid. Ecological Applications, 16(4): 1391-1404.

Nguyen H H. 2014. The relation of coastal mangrove changes and adjacent land-use: a review in Southeast Asia and Kien Giang, Vietnam. Ocean & Coastal Management, 90(90): 1-10.

Nguyen P, Romina R, Roel B, et al. 2018a. An investigation of the role of social dynamics in conversion to sustainable integrated mangrove-shrimp farming in Ben Tre Province, Vietnam. Singapore Journal of Tropical Geography, 39(3): 421-437.

Nguyen T N, Strady E, Tran Thi N T, et al. 2018b. Trace metals partitioning between particulate and dissolved phases along a tropical mangrove estuary (Can Gio, Vietnam). Chemosphere, 196: 311-322.

Nicholls R J, Hoozemans F M J, Marchand M. 1999. Increasing flood risk and wetland losses due to global sea-level rise: regional and global analyses. Global Environmental Change, 9(Suppl 1): S69–S87.

Nobrega G N, Otero X L, Macias F, et al. 2014. Phosphorus geochemistry in a Brazilian semiarid mangrove soil affected by shrimp farm effluents. Environmental Monitoring and Assessment, 186(9): 5749-5762.

Ottinger M, Clauss K, Kuenzer C. 2016. Aquaculture: relevance, distribution, impacts and spatial assessments-a review. Ocean & Coastal Management, 119: 244-266.

Páez-Osuna F, Gracia A, Flores-Verdugo F, et al. 2003. Shrimp aquaculture development and the environment in the Gulf of California ecoregion. Marine Pollution Bulletin, 46(7): 806-815.

Páez-Osuna F. 2001. The environmental impact of shrimp aquaculture: a global perspective. Environmental Pollution, 112(2): 229-231.

Páez-Osuna F. 2001. The environmental impact of shrimp aquaculture: causes, effects, and mitigating alternatives. Environmental Management, 28(1): 131-140.

Pas-ong S, Lebel L. 2000. Political transformation and the environment in Southeast Asia. Environment, 42(8): 8-19.

Pattanaik C, Prasad S N. 2011. Assessment of aquaculture impact on mangroves of Mahanadi delta (Orissa), East coast of India using remote sensing and GIS. Ocean & Coastal Management, 54(11): 789-795.

Paul B G, Vogl C R. 2011. Impacts of shrimp farming in Bangladesh: challenges and alternatives. Ocean & Coastal Management, 54(3): 201-211.

Paul B G, Vogl C R. 2013. Organic shrimp aquaculture for sustainable household livelihoods in Bangladesh. Ocean & Coastal Management, 71: 1-12.

Peng Y, Chen G, Li S, et al. 2013. Use of degraded coastal wetland in an integrated mangrove-aquaculture system: a case study from the South China Sea. Ocean & Coastal Management, 85: 209-213.

Philippe M, Peter H, Frédéric A, et al. 2005. Tropical forest cover change in the 1990s and options for future monitoring. Philosophical Transactions of the Royal Society of London, 360(1454): 373-384.

Prasad M B K. 2012. Nutrient stoichiometry and eutrophication in Indian mangroves. Environmental Earth Sciences, 67(1): 293-299.

Primavera J H. 1991. Intensive prawn farming in the philippines: ecological, social, and economic implications. Ambio, 20(1): 28-33.

Primavera J H. 2006. Overcoming the impacts of aquaculture on the coastal zone. Ocean & Coastal Management, 49(9-10): 531-545.

Ramasubramanian R, Gnanappazham L, Ravishankar T, et al. 2006. Mangroves of godavari-analysis through remote sensing approach. Wetlands Ecology & Management, 14(1): 29-37.

Richards D R, Friess D A. 2016. Rates and drivers of mangrove deforestation in Southeast Asia, 2000-2012. Proceedings of the National Academy of Sciences of the United States of America, 113(2): 344-349.

Rico A, Van den Brink P J. 2014. Probabilistic risk assessment of veterinary medicines applied to four major aquaculture species produced in Asia. Science of the Total Environment, 468: 630-641.

Rivera-Monroy V H, Torres L A, Bahamon N, et al. 1999. The potential use of mangrove forests as nitrogen sinks of shrimp aquaculture pond effluents: the role of denitrification. Journal of the World Aquaculture Society, 30(1): 12-25.

Rönnbäck P. 1999. The ecological basis for economic value of seafood production supported by mangrove ecosystems. Ecological Economics, 29(2): 235-252.

Shimoda T, Fujioka Y, Srithong C, et al. 2005. Phosphorus budget in shrimp aquaculture pond with mangrove enclosure and aquaculture performance. Fisheries Science, 71(6): 1249-1255.

Smajgl A, Toan T Q, Nhan D K, et al. 2015. Responding to rising sea levels in the Mekong Delta. Nature Climate Change, 5: 167-174.

SNV. 2014. Organic shrimp certification and carbon financing: an assessment for the mangroves and markets project in Ca Mau Province, Vietnam.

Sohel M S I, Ullah M H. 2012. Ecohydrology: a framework for overcoming the environmental impacts of shrimp aquaculture on the coastal zone of Bangladesh. Ocean & Coastal Management, 63: 67-78.

Souza F E S, Ramos e Silva C A. 2011. Ecological and economic valuation of the Potengi estuary mangrove wetlands (NE, Brazil) using ancillary spatial data. Journal of Coastal Conservation, 15(1): 195-206.

Stanley D L. 2003. The economic impact of mariculture on a small regional economy. World Development, 31(1): 191-210.

Thampanya U, Vermaat J E, Sinsakul S, et al. 2006. Coastal erosion and mangrove progradation of Southern Thailand. Estuarine Coastal and Shelf Science, 68(1-2): 75-85.

Thomas N, Lucas R, Bunting P, et al. 2017. Distribution and drivers of global mangrove forest change, 1996-2010. PLoS One, 12(6): e0179302.

Tian B, Wu W, Yang Z, et al. 2016. Drivers, trends, and potential impacts of long-term coastal reclamation in China from 1985 to 2010. Estuarine Coastal and Shelf Science, 170: 83-90.

Tobey J, Clay J, Vergne P. 1998. Maintaining a Balance: the Economic, Environmental and Social Impacts of Shrimp Farming in Latin America. Rhode Island: University of Rhode Island, Coastal Resources Center.

Tran N H, Amararatne Y. 2005. The effects of the decomposition of mangrove leaf litter on water quality, growth and survival of black tiger shrimp (*Penaeus monodon* Fabricius, 1798). Aquaculture, 250(3): 700-712.

Tran N H. 2005. Effects of mangrove leaf litters on the integrated mangrove–shrimp farming systems in Ca Mau Province, Vietnam. Asian Institute of Technology PhD Thesis, Thailand.

Trino A T, Rodriguez E M. 2002. Pen culture of mud crab *Scylla serrata* in tidal flats reforested with mangrove trees. Aquaculture, 211(1-4): 125-134.

Trott L A, Alongi D M. 2000. The impact of shrimp pond effluent on water quality and phytoplankton biomass in a tropical mangrove estuary. Marine Pollution Bulletin, 40(11): 947-951.

Truong T D, Do L H. 2018. Mangrove forests and aquaculture in the Mekong river delta. Land Use Policy, 73: 20-28.

UNEP. 2014. The importance of mangroves to people: a call to action. Cambridge: UNEP.

Valiela I, Bowen J L, York J K. 2001. Mangrove forests: one of the world's threatened major tropical environments. Bioscience, 51(10): 807-815.

Verdegem M C J, Bosma R H. 2009. Water withdrawal for brackish and inland aquaculture, and options to produce more fish in ponds with present water use. Water Policy, 11(S1): 52-68.

VNFF. 2014. Organic shrimp certification: a new approach to PES. Payment for Forest Environmental Services. Hano, Vietnam Forest Protection and Development Fund, Quarter II: 7-11.

Wassmann R, Hien N X, Chu T H, et al. 2004. Sea level rise affecting the Vietnamese Mekong Delta: water elevation in the flood season and implications for rice production. Climatic Change, 66(1-2): 89-107.

William J, Fitzgerald J. 2002. Silvofisheries: integrated mangrove forest aquaculture systems. *In*: Costa-Pierce B A. Ecological Aquaculture: The Evolution of the Blue Revolution. Malden: Blackwell Science.

Wolanski E, Spagnol S, Thomas S, et al. 2000. Modelling and visualizing the fate of shrimp pond effluent in a mangrove-fringed tidal creek. Estuarine Coastal and Shelf Science, 50(1): 85-97.

Wu H, Liu J L, Bi X Y, et al. 2017. Trace metals in sediments and benthic animals from aquaculture ponds near a mangrove wetland in Southern China. Marine Pollution Bulletin, 117(1-2): 486-491.

Wu H, Peng R H, Yang Y, et al. 2014. Mariculture pond influence on mangrove areas in south China: significantly larger nitrogen and phosphorus loadings from sediment wash-out than from tidal water exchange. Aquaculture, 426: 204-212.

Xi L, Li H L, Xia Y Q, et al. 2016. Comparison of heavy metal concentrations in groundwater in a mangrove wetland and a bald beach in Dongzhaigang National Nature Reserve (DNNR), China. Environmental Earth Sciences, 75(9): 726.

Xin K, Huang X, Hu J L, et al. 2014. Land use change impacts on heavy metal sedimentation in mangrove wetlands-a case study in Dongzhai Harbor of Hainan, China. Wetlands, 34(1): 1-8.

Zaldivar-Jimenez A, Herrera-Silveira J, Perez-Ceballos R, et al. 2012. Evaluation of use mangrove wetland as a biofilter of shrimp pond effluent in Yucatan, Mexico. Revista De Biologia Marina Y Oceanografia, 47(3): 395-405.

第二章
红树林地埋管道原位生态养殖系统研发历程

红树林地埋管道原位生态养殖系统从前期探索到技术体系的完善前后经历了25年，共分为5个研究阶段，先后在防城港的4个研究基地内完成（图2-1）。

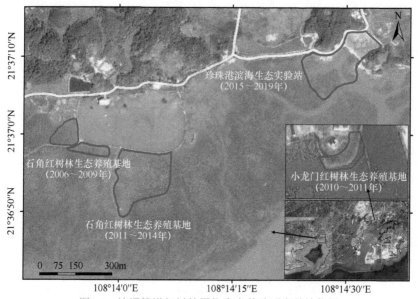

图2-1　地埋管道红树林原位生态养殖研究基地位置

1）红树林原位生态养殖理念形成阶段（1993～2005年）。

2）红树林地埋管道原位生态养殖系统萌芽阶段（2006～2009年），石角红树林围网生态养殖基地。

3）红树林地埋管道原位生态养殖系统构建阶段（2010～2011年），小龙门红树林生态养殖基地。

4）红树林地埋管道原位生态养殖系统中试阶段（2011～2014年），石角红树林生态养殖基地。

5）红树林地埋管道原位生态养殖系统技术体系完善阶段（2015～2019年），珍珠港滨海生态实验站。

第一节　红树林原位生态养殖理念形成阶段（1993～2005年）

广西红树林研究中心范航清研究员在1993年根据红树林区经济动物的行为生态学特征，针对性地设计了文蛤、青蟹、中华乌塘鳢等11种红树林区经济动物的大网圈围养殖的生态养殖模式，该模式不建池塘，不破坏红树林，充分利用红树林区内饵料丰富、动物栖息场所良好的优点，可以保持天然生态的养殖环境条件，形成小养殖区大水体的养殖结构。这是广西红树林研究中心最早提出的红树林原位养殖理念和生态养殖模式。

此后，广西红树林研究中心还提出了针对底栖动物资源恢复和发展的"封滩轮育"思想（范航清等，1996）。对红树林区的部分滩涂进行封滩培育，一段时间后再向群众开放。通过封滩，一方面保证红树林区在食物方面具备相当的支持高营养级动物生长繁育的能力，另一方面群众在开放后的封滩地点可捕获到个体较大、经济价值高的经济动物。

通过对封滩培育与红树林经济动物栖息和生长特性的深入研究，广西红树林研究中心逐渐形成了"围网封滩+滩涂养殖"的红树林原位生态养殖理念，并准备进行实际的操作验证。

第二节　红树林地埋管道原位生态养殖系统萌芽阶段（2006～2009年）

联合国环境规划署（UNEP）在2006年投入了5万美元到防城港市金地房地产有限公司，期望可以找出平衡红树林保护与经济利用的可持续红树林滩涂利用模式，但由于复杂的原因，未能如愿。参与UNEP南中国海项目的7个东南亚国家的红树林首席专家一致认为：当时尚无可推广的红树林滩涂利用模式。联合国环境规划署/全球环境基金"扭转南中国海及泰国湾环境退化趋势"南中国海项目于2007年特别安排追加经费，指定广西红树林研究中心攻克这一全球性难题。

2008年，广西红树林研究中心在防城港市北仑河口国家级自然保护区石角红树林区建立围网红树林生态养殖基地，开展并验证"大网目围网+滩涂养殖"的红树林生态养殖模式。该基地位于北仑河口国家级自然保护区综合科研楼大塘的西侧红树林滩涂（图2-1），实验围网面积20.5亩[①]。

"大网目围网+滩涂养殖"的红树林生态养殖模式采用打木桩挂大网目围网（图2-2），使生态养殖区域与红树林大环境相对封闭，疏网（网目10mm）使得封闭只是针对养殖动物，而区域内外的水交流基本无碍（图2-3）。

图2-2 大网目围网（低潮）　　　　　　图2-3 大网目围网（高潮）

在围网范围内根据地形和养殖动物的习性，在滩涂和潮沟内设置阶梯拦水坝，以便在低潮时保水。在围网范围内，采取多种动物混养与分区养殖结合的方式，构筑了3种中华乌塘鳢人工鱼巢（即土堤坑式、遮阳网拱顶式和缸瓮式）（图2-4）、1种青蟹人工蟹巢（图2-5～图2-8），投放了可口革囊星虫、红树蚬、青蟹、中华乌塘鳢和大弹涂鱼5个品种的苗种。

图2-4 中华乌塘鳢的3种鱼巢

---

① 1亩≈666.7m²

图2-5　人工青蟹蟹巢

图2-6　投放青蟹苗

图2-7　用蜈蚣网收获青蟹

图2-8　在潮沟收获的青蟹

　　石角红树林围网生态养殖基地形成的创新性生态养殖模式有：大网目围网结合潮沟水深控制；多种动物混养与分区养殖结合；3种鱼巢（即土堤坑式、遮阳网拱顶式和缸瓮式）。

　　"大网目围网+滩涂养殖"模式是红树林生态养殖的初步尝试，具有明显的缺点，包括以下几个方面。

◆ 网目拦截红树林枯枝落叶和海洋垃圾，需要花费大量人力进行清除。

◆ 围网易被老鼠啃咬，造成高潮时养殖动物的逃逸，需花费人力进行巡查和补网。

◆ 维护风险大，若遭遇风暴潮和台风，易造成围网的崩塌。

◆ 回捕率低，一般在10%～30%。

◆ 退潮时滩涂保水差，残留于滩涂表面的水在夏季暴晒后水温过高，不利于动物生长。

　　根据在石角红树林围网生态养殖基地遇到的这些问题，范航清生态养殖研究团队萌发了在低潮时修建蓄水池并铺设管道为滩涂供水的想法，并在小龙门红树林生态养殖基地初步构建。

第三节　红树林地埋管道原位生态养殖系统构建阶段（2010～2011年）

针对2009年石角红树林围网生态养殖模式较粗放、风险大（风暴潮和台风造成崩网）、回捕率低（10%～30%）、人工管理成本高等方面的不足，广西红树林研究中心范航清研究团队提出了全新的生态养殖模式，在防城港市港口区公车镇小龙门红树林区开展了地埋管道生态养殖系统小规模的初步构建。

小龙门红树林生态养殖基地占用红树林滩涂面积3.44亩，在堤脚构筑蓄水池，在红树林内地下埋设管道实现养殖管道内部在低潮时保持常流水，解决了退潮后养殖生境缺水或滞水、回捕率低等问题。

该基地得到了广西国土资源厅（广西海洋局）提供的实验海域与现场管理保障；联合国开发计划署/全球环境基金"南中国海生物多样性管理项目"（UNDP/GEF/SCCBD）在"替代生计"理念强化方面给予了资金赞助；英国普里茅斯海洋研究所培训了"野生动物"与"人工饵料动物"相区别的细胞与行为生态学鉴别技术。在上述机构的共同支持下，广西红树林研究中心提出了"红树林地埋管道系统原位生态保育模式"，初步实现了在红树林滩涂地下部培育鱼类、地上部种植和修复红树林、滩涂表层维护天然动物种群的生态立体保育模式（Fan et al.，2013），申请并获得了发明专利"一种地埋式水体自更新滩涂管网鱼类生态养殖系统"（专利号：201010606442.2）。

地埋式水体自更新滩涂管道鱼类生态养殖系统由蓄水区、地下管道、管理窗口、交换通道等组成（图2-9～图2-15）。

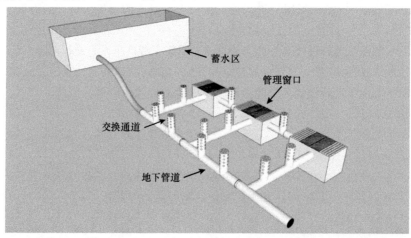

图2-9　地埋式水体自更新滩涂管道鱼类生态养殖系统结构示意图

图2-10　蓄水区

图2-11　控制进水阀门

图2-12　交换通道

图2-13　连接有交换通道的地下管道

图2-14　养殖窗口

图2-15　投苗

　　此系统解决了围网养殖及其他养殖方法的一系列的问题和困扰，包括以下几个方面。

　　1）不砍伐红树林，对红树林生境的一次性干扰度为6%～8%（管道埋设施工），2～3年后可自然恢复。由于相对封闭的生态养殖场地便于严格管理，为避免滩涂频繁遭受扰动，只需加以简单的人工辅助措施，当年就可以达到群落外貌还原、生态功能提升的效果。

2）低成本地解决了退潮后养殖生境缺水或滞水问题，创造了潮汐能驱动水体自更新梯度系统，确保了退潮后养殖生境的常流水，维护了局部高密度养殖的良好环境。

3）无须海上养殖围网。免除每日巡查（及时发现红树林叶片堵塞网眼与老鼠啃咬可能造成的崩网和漏网），理论上杜绝了养殖动物逃逸的毁灭性风险，显著降低了日常巡护的人工成本。

4）模块化的养殖设计，尽可能地降低可能发生鱼病的交叉感染，满足多品种底栖动物养殖的生境需求，为当地特色物种的生态养殖提供了研究与示范的技术保障。

5）养殖动物的索食行为受到诱导驯化，管理人员投饵时中华乌塘鳢集中到养殖窗口。这样在收获时，装上特殊装置让管道里的中华乌塘鳢只能进入养殖窗口而不能再回到管道里，回捕率可达到95%以上。

6）养殖水体化学要素与自然海域水体的同步，系统内水体与自然海水的水质指标无明显差异，无污染，近乎野生环境。

7）快速生长。所养的中华乌塘鳢在3个月内可以达到商品级别（100g以上），养殖周期比传统池塘缩短50%。

8）饵料可由自然海区补充，日常投饵量约为人工集约化养殖的50%。

2010～2011年在小龙门红树林生态养殖基地建设了一组（3个养殖窗口）地埋管道生态养殖系统，对中华乌塘鳢、日本鳗鲡进行了初步的养殖实验，并获得了成功，其间进行了两次专家现场查定，获得了专家的一致好评。

第四节　红树林地埋管道原位生态养殖系统中试阶段（2011～2014年）

红树林地埋管道生态养殖系统在小龙门红树林生态养殖基地取得了初步成功后，广西红树林研究中心根据原有的技术方案，结合养殖过程中获得的经验，对红树林地埋管道生态养殖系统进行了完善。通过自筹和向相关单位申请经费等途径，在防城港市北仑河口国家级自然保护区石角片区的实验区内建设了石角红树林生态养殖基地，对红树林地埋管道生态养殖系统进行中试，进一步确定该养殖系统的可行性，并总结出现的问题和提出解决方案。

一、石角红树林生态养殖基地经费来源

石角红树林生态养殖基地的建设基于小龙门红树林地埋管道生态养殖系统的理论和实践基础，为了进一步验证和完善该系统，十分必要建立中等规模的研发与示

范平台。广西财政厅于2011年特批基地建设专项资金70万元，广西科技厅于2012年批准"地埋式管网红树林生态系统修复与保育创新能力与条件建设"项目（桂科攻1298007-1），经费50万元；于2013年批准了"地埋式管网红树林原位动物保育系统技术体系构建与示范"项目（桂科攻1355007-4），经费25万元，旨在广西防城港市珍珠湾建设"地埋式管道红树林动物原位生态保育研究及示范基地"。

二、石角红树林生态养殖基地概况

石角红树林生态养殖基地的红树林地埋管道生态养殖系统建立在80亩的次生红树林滩涂上，包括21个养殖窗口及附属管网系统、850m滩涂管护栈道、1间海上漂浮监测木屋（22m²）、2亩红树林苗圃。此外，在陆地上租用当地民宅进行改造，购置了冰柜、粉碎机、高压水枪、小型发电机、水泵、手推车等设备和工具，为示范基地管护人员及来站工作的专家与其他科技人员提供便利。基地于2012～2014年开展了中等规模的原位生态养殖示范及养殖区次生红树林的人工恢复活动。

三、中试过程及取得的成果

（一）红树林地埋管道生态养殖系统的可行性论证

自防城港市港口区公车镇小龙门村海域第一次建立红树林地埋管道生态养殖系统以来，为了对其可行性进行再次验证，于2011～2014年在防城港市北仑河口国家级自然保护区石角片区的实验区，在原有技术的基础上进一步扩大规模，建立红树林地埋管道生态养殖系统7组，共21个养殖窗口（3个养殖窗口为1组），经过运行及实验获得了成功，进一步确定了该技术的可行性。

（二）红树林地埋管道生态养殖系统的天然饵料结构

实验发现，红树林地埋管道生态养殖系统的天然饵料共34种。其中，脊索动物门1纲4科11属12种，节肢动物门1纲8科14属15种，软体动物门2纲5科5属6种，环节动物门1纲1科1属1种。甲壳类和鱼类在饵料动物中有着最高的丰度，是饵料动物的优势种，优势度显著。斑尾复虾虎鱼和脊尾白虾构成饵料动物的主体，是饵料动物个体数量与质量的主要贡献者。

（三）红树林地埋管道生态养殖系统养殖品种的生长情况

以中华乌塘鳢作为主要养殖对象，在7～8月体长和体重生长最为迅速，体长的生长拐点为17.77cm，拐点时间为79d；体重的生长拐点为81.38g，拐点时间为83d。养殖最终成活率为94.23%，混合饵料系数为2.06。

（四）红树林地埋管道生态养殖系统相关因子的监测

红树林地埋管道生态养殖系统正常运行一个潮汐周期后水质下降，15d时大部分水体仅达到Ⅲ类海水标准；若部分窗口水质下降严重，甚至达到Ⅳ类海水标准。水体溶解氧浓度是制约管网系统水体水质的主要因素。

对养殖水体的细菌群落的监测发现，大多数细菌群落指数随养殖时间而下降，但优势类群始终是放线菌和变形菌，硫化物含量被认为是影响细菌群落转化的潜在关键生态因子。总体结果表明，红树林地埋管道生态养殖系统正常运行对细菌群落的影响可以忽略不计。此外，在对浮游动物生态特征的研究中发现，红树林地埋管道生态养殖系统正常运行未使红树林区浮游动物的生物多样性受到干扰。

（五）次生林生态恢复

石角红树林生态养殖基地埋设地埋管道系统的滩涂是历史上多次造林失败的次生红树林地，2011年3月，地埋管道系统在此滩涂上埋设完成，2012年12月开始进行红树林移植造林，采用高密度插植胚轴辅以袋苗补植的方法，主要种植种类为秋茄、木榄。

石角红树林生态养殖基地2011年是盖度仅为10%的次生红树林地，2012年开始恢复造林，2015年苗木保存率超过65%，苗木盖度高达75%，次生红树林得到快速恢复（图2-16）。经过红树林的恢复，林区野生动物种类和数量显著提高，顶级野生动物密度为天然本底值的3～6倍。

（六）滩涂动物多样性保护

地埋管道系统为相对封闭的系统，为了更好地提升滩涂表面的生物多样性，活塞式开放插管（简称"开放式插管"）（图2-17）在滩涂为大型底栖生物如青蟹、中华乌塘鳢、乌贼等提供栖息场所，在低潮退水后在插管底部可保存部分水体供底栖生物生存，同时插管底部深埋于沉积物内，避免了阳光的暴晒，并且可用于红树林底栖动物的调查和天然资源量评估，申请的发明专利"活塞式开放插管底栖动物自然保育装置及应用"已授权。通过开放式插管对底栖鱼类中中华乌塘鳢的研究，完善保护、恢复、发展红树林底栖鱼类的技术体系，深入研究底栖鱼类种群恢复的关键技术，为红树林生态养殖提供基础性数据，为红树林生态系统修复提供科学参考。

实验表明，开放式插管至少可为10种底栖动物提供栖息空间，如中华乌塘鳢、青蟹、短蛸、相手蟹等。其中，珍珠湾红树林区中华乌塘鳢的年均生物量和尾数密度分别为1452.91g/hm²、18.81ind./hm²。中华乌塘鳢对插管地占据率始终保持在20%左右，增加插管数量可有效增加红树林区中华乌塘鳢的资源量。

图2-16　石角红树林生态养殖基地红树林的生态恢复

四、中试阶段存在的问题

石角红树林生态养殖基地地埋管道系统于2011年初埋设完成，至2014年共运行了4年时间，该基地对地埋管道系统的运行与发展起到了关键作用，但也出现了一些新的问题。

（1）蓄水池功能单一

蓄水池通过自然纳潮利用潮汐能量为地埋管道提供长流水，只起到蓄水的作用，未能充分发挥池塘的养殖作用，经济效益较差。

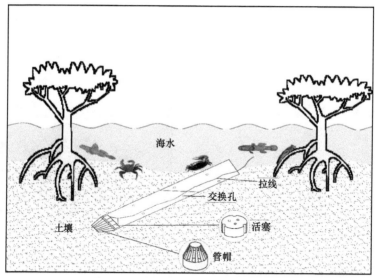

图2-17　插管装置的结构及使用示意图

（2）鱼类病虫害频发

地埋管道系统内部全部为光滑的表面，不符合中华乌塘鳢等底栖鱼类喜欢淤泥质栖息环境的生活习性，容易导致寄生虫的爆发。且地埋管道系统三个连通为一组，低潮时鱼类在管道内的分布密度不均匀，容易造成某个养殖窗口的密度过大，同时也容易造成鱼病和寄生虫的交叉感染与传播。

（3）系统保水性能差

养殖窗口为水泥砖堆砌，在低潮时受到滩涂淤泥的挤压容易开裂，保水性不好，溢出的水在滩涂表面冲刷造成滩涂水土流失。

（4）关键构件不完善

地埋管道系统的构件和各组成部分的建造规格不完善，标准化低，无法进行批量生产，对后期推广造成了极大的困扰。

（5）潮汐能利用率低

蓄水池的水通过输水管道进入地埋管道系统后，从排污小窗口溢出直接排到滩涂上，潮汐能量利用不充分。

第五节　红树林地埋管道原位生态养殖系统技术体系完善阶段（2015～2019年）

中试阶段的红树林地埋管道生态养殖系统虽然取得了成功，但在布局、结构、材料、规模、管理等方面存在不同程度的不足，需要统筹完善，更好地满足推广应用的需求。完善和优化滩涂地埋管道型生态保育工程的关键支撑技术，建立红树林原位生态养殖系统示范基地，形成红树林生境保护与利用的模式体系，引导红树林湿地由破坏性利用走向保护性利用，促进我国海洋生态经济发展。

一、珍珠港滨海生态实验站建设的主要经费来源

广西红树林研究中心经广西海洋局的推荐于2015年获得了国家海洋公益性行业科研专项"基于地埋管道生态养殖系统的受损红树林生态保育研究及示范"（201505028），该项目总经费1050万元，由6家单位共同承担，其中广西红树林研究中心为项目牵头单位，广东海洋大学、中国科学院植物研究所、国家海洋局第一海洋研究所、国家海洋局天津海水淡化与综合利用研究所、浙江省海洋水产养殖研究所为协作单位。以国家海洋公益性行业科研专项项目为依托，建立了广西红树林研究中心珍珠港滨海生态实验站。

二、珍珠港滨海生态实验站概况

广西红树林研究中心珍珠港滨海生态实验站位于防城港市防城区江山镇新基村红树林区，包括综合楼、管护房、纳潮混养塘、红树林生态恢复区及地埋管道生态养殖区域等部分（图2-18）。

图2-18　珍珠港滨海生态实验站平面布局图

综合楼是租用当地新基村村民的房屋，经过重新改造、装修而成，建筑面积296.1m²，包含三间宿舍、三间专家房、多功能厅、厨房、客厅和露天阳台（图2-19）。管护房有两间，用于存放实验材料、冰箱、饵料等。

图2-19　珍珠港滨海生态实验站综合楼

三、完善过程及取得的成果

（一）蓄水池升级改造

中试阶段的红树林地埋管道生态养殖系统蓄水池仅为纳潮蓄水之用，结构功能单一，利用效率低。珍珠港滨海生态实验站租用周边村民的废弃养殖塘（面积17亩，其中水面面积约15亩），对其进行升级改造，主要措施有：①挖深塘底形成鱼类庇护沟，保证低潮时留有充足的水体；②加固堤坝和水门，增加池塘的保水性能；③对池塘堤围进行生态化改造，池塘水面增设生态浮床，既能美化池塘周边的景观，又能起到改善池塘水质的作用。经过改造后的蓄水池升级为纳潮生态混养池塘，除作为红树林地埋管道生态养殖系统蓄水池之外，还可在池塘内混养黄鳍鲷（*Acanthopagrus latus*）、美国红鱼（*Sciaenops ocellatus*）和牡蛎（*Crassostrea* spp.）等。

（二）关键构件和系统布局的优化

原有的矩形养殖窗口缺少水驱动排污结构装置，经过一段时间后沉积的残饵和排泄物会造成底层水质的下降，易滋生有害生物而引发鱼病。改进优化后的玻璃钢一体化养殖窗口，采用圆柱形设计，利用潮汐蓄能实现残留物低潮时的不间断自动清除，确保养殖窗口水质的基本稳定，为提高单位空间生物量创造了条件（详见第三章）。优化前的地埋管道养殖系统是连通的，一旦发生病虫害，难以控制隔离，而优化后采用相对独立的系统可有效控制病虫害的交叉感染。

（三）关键构件标准化

优化前的养殖窗口利用水泥砖头砌成，在内部用水泥浆抹平使其光滑。因在红树林滩涂上施工，养殖窗口在没有坚硬地基的支撑下，窗口的底部和侧面逐渐出现裂缝，导致窗口内的水向滩涂渗漏。经过多方考察论证，项目组最终选定食品级玻璃钢材料预制投饵窗口，并将养殖窗口、底排管、排污小窗口三者形成一体化窗口，可有效控制渗漏问题。通过设计，试制了交换管、鱼道隔离装置、插管、盖网，并形成了这些关键构件的标准化生产（详见第三章）。

（四）系统供水自动化

优化前的红树林地埋管道生态养殖系统，采用传统的闸门进行供水。因闸门不能完全密封，一方面无法利用蓄水塘的有效水压，以致养殖管道内水的流速较小，不利于养殖；另一方面蓄水塘里的水会从闸门的间隙处流失，导致浪费。此外，利用传统的闸门供水，闸门开启的位置接近蓄水塘底部，放出来的底部水体溶解氧含量较低，不利于养殖系统内动物的正常生长。采用地埋管道养殖系统表层富氧水自动输水装置（详见第三章），可为鱼类地埋管道养殖提供一种自动输水方式，避免了闸门漏水的问题，加快了地埋管道养殖系统内部水流的流速，充分利用了潮汐能，还可充分利用溶解氧含量较高的中上层水。该装置能避免人为操作不当引起的失误，降低了劳动成本。

（五）养殖品种多元化

通过实验，已筛选出适养动物10余种，其中成功开发3个物种（中华乌塘鳢、日本鳗鲡、青蟹）的红树林地埋管道原位生态养殖技术。中华乌塘鳢、青蟹等的养殖成活率达80%以上，成品捕获率为95%，产品质量接近原生态。在每亩红树林滩涂布设2套地埋管道养殖系统的条件下，已实现平均年产150斤[①]/亩，产值9000元/亩，是相同面积红树林林下天然海产品产出价值的22.5～45倍，比2015年越南广宁省红树林基围养殖的平均年产值高8.4倍。

（六）岩滩红树林恢复

在我国华南沿海的岩滩区域，原本生长着红树林，由于某些历史原因，红树林消失，滩涂沉积物随着海水的冲刷最终形成岩石裸露的沙砾滩；也存在某些近岸区域自古以来就为沙砾滩的现象，但这些沙砾滩上存在一定的土壤。沙砾滩占的土壤

---

① 1斤 = 500g

极少,虽然某些区域还零星生长着红树林幼苗,但无法成林。根据红树植物的生长特性,结合潮汐变化的规律及以往的修复经验,采用机械开沟增填土壤的方法进行修复,取得了较好的成果。在珍珠港滨海生态实验站54亩红树林滩涂范围内,其中岩滩红树林恢复面积26亩,2015年种植木榄(*Bruguiera gymnorrhiza*)、秋茄(*Kandelia candel*)等红树植物,至2018年存活率达到70%以上(图2-20)。

图2-20　珍珠港滨海生态实验站的恢复造林

(七)潮汐能多级利用

蓄水池的水通过输水管道进入地埋管道系统后,从排污小窗口溢出直接排到滩涂上,不仅造成水体浪费,而且还易导致滩涂水土流失。为此,项目组发明了组合式栈道青蟹养殖装置。传统青蟹池塘养殖模式存在互相残杀、病害严重、逃逸等现象,且存活率不高。组合式栈道青蟹养殖装置的发明基于鱼类养殖系统排出水的重复利用进行设计的,通过接驳地埋管道养殖系统排污小窗口的溢出水,充分利用潮汐能,为青蟹生长提供更贴近自然的生长环境,提高青蟹成活率,以便在红树林湿地中开展青蟹养殖,实现湿地利用与保护的可持续发展模式。通过纳潮生态混养池塘、地埋管道原位生态养殖系统和组合式栈道青蟹养殖装置,初步实现了潮汐能的三级利用(图2-21)。

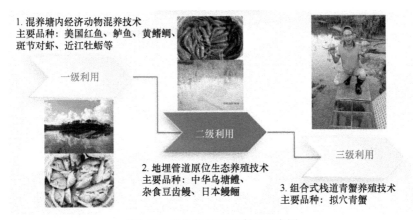

1. 混养塘内经济动物混养技术
主要品种：美国红鱼、鲈鱼、黄鳍鲷、
斑节对虾、近江牡蛎等

一级利用

二级利用

三级利用

2. 地埋管道原位生态养殖技术
主要品种：中华乌塘鳢、
杂食豆齿鳗、日本鳗鲡

3. 组合式栈道青蟹养殖技术
主要品种：拟穴青蟹

图2-21　潮汐能的三级利用示意图

四、完善阶段存在的不足

1）政策不配套，社会资本难以进入。在现有政策和管理模式下，潮间带光滩归海洋部门管理，红树林林地归林业部门管理，养殖活动归水产部门管理。红树林地埋管道生态养殖系统的构建和运行，涉及多个政府部门，审批程序复杂，社会资本的进入与权益保障合规的路径尚不明确。

2）生态产业的财政引导资金不到位。本技术属保护优先兼顾经济收益，注重的是长期效益，需要政府引导。

3）初期建设成本较高。由于规模不足，设施和装置尚未批量生产，建设成本较高。

第六节　构建红树林地埋管道原位生态养殖系统的重要意义

一、恢复生态系统功能

红树林地埋管道生态养殖系统解决了红树林与围塘养殖争夺滩涂空间的矛盾，在系统修复次生红树林的同时，进行了林内鱼类和贝类的保育与增殖，实现了生态系统结构、生物多样性及功能的整体恢复，有利于滨海景观的修复，同时可推进滨海湿地蓝碳进程，为我国红树林的修复与可持续利用提供样板。

互花米草（*Spartina alterniflora*）是我国十大外来入侵物种之一，于20世纪70年代末引进，造成了互花米草的大面积扩张，目前治理难度很大，成为威胁红树林生长的一个主要因素，截止到2015年，浙江、福建、广东、广西的互花米草面积分别为5789.9hm^2、7267.1hm^2、780.1hm^2、843.0hm^2。从技术上来看，地埋管道系统在互花米草滩涂生境上的施工比红树林更加容易实现，可解决政府为清除互花米草而投入大量经费的难题，为退化滩涂的生态恢复和再利用提供生态经济学途径。

二、促进科学技术进步

国际红树林专家现场考察地埋管道系统时对其评价：广西红树林研究中心范航清博士及其团队建立的红树林动物原位生态养殖系统具有唯一性与原创性，不是其他现有红树林相似系统的派生。就我们所知，到目前为止世界上其他任何地方都没有相似的系统，已建立的水产养殖对红树林本身没有影响这是第一次。该系统在整个亚太地区的其他红树林生态系统中具有重大的潜在应用前景。此外，该系统有利于提高依赖红树林生态系统的沿海居民的经济收入，从而有助于人口密集的东南亚沿海地区红树林生态系统的恢复与可持续利用。

地埋管道系统成果先后被特邀在中国红树林第五届学术会议（2011年6月，浙江温州）、中国科学院、国家自然科学基金委员会主办的湿地学科发展战略研讨会（2011年8月，黑龙江哈尔滨）、联合国开发计划署/全球环境基金南中国海小型基金（UNDP/GEF-SGP）实践与经验评估会（2011年8月，泰国曼谷）、联合国教科文组织人与生物圈（UNESCO/MAB）研讨会（2011年9月，韩国）作介绍。

三、改善人民生活水平

在围塘养殖和基围养殖的过程中都会大量使用抗生素，但不加控制地使用抗生素则有利于细菌群体产生（多重）耐药性，反过来也会制约药物的有效性，而所使用的抗生素等有毒化学药品大量残留在养殖水体或沉积物中，进而影响养殖成品的质量。地埋管道系统投喂天然的小杂鱼，且涨潮时可提供部分的饵料来源，几乎不投喂任何抗生素等药物，有效地降低了养殖的污染风险，提高了养殖种类的品质。

此外，地埋管道系统没有破坏红树林，其每年的商业价值与生态服务价值合计超过2万元/亩，将给沿海一带的人民带来可观的经济收入，提高其生活品质。如果地埋管道系统推广到2万hm^{2}的红树林和15万hm^{2}的互花米草滩涂，可直接为沿海17万户人民提供就业机会（以每户15亩计），促进海岸滩涂生态经济的发展，显著提高沿海地区人民自觉保护海洋生态环境的意识，实现可持续发展。

四、提高社会影响力度

自地埋管道系统建立以来，前往珍珠港滨海生态实验站实地参观交流的人数超过600人，其中国外相关专家20余人（分别来自美国、澳大利亚、韩国、以色列、印度等国的研究机构或知名大学）、国内专家100余人（院士3人、教授30余人、副教授30余人等，分别来自中国科学院、清华大学、厦门大学等国内著名大学或研究机构）、各级机构人员100余人（分别来自各级政府、国家海洋局、中央电视台等，还有来自越南广宁省农业部考察团）、社会商界人士150余人（来自区内外的工商联、各知名企业等）、非政府组织（NGO）社会团体及学生等200余人（分别来自世界自然基金会、台湾湿地学会、广西生物多样性研究和保护协会等，以及各高校、当地中小学等）。来自国内外各行各业的人员前往参观交流，为地埋管道系统的优化完善提出了宝贵的建议，也充分体现了地埋管道系统的显著社会影响力。

地埋管道系统在CCTV"焦点访谈"栏目"如何拯救红树林（二）"（播出时间2019-3-31）作为红树林保护和利用的关键技术来介绍。

五、引领养殖行业发展

红树林地埋管道原位生态养殖系统方法简单、效益明显，一次投资则可长期受益，免除了养殖户对台风等极端天气的后顾之忧。目前已制定广西壮族自治区地方标准《红树林区地埋式管网系统中华乌塘鳢生态养殖技术规范》（DB45/T 1461—2016），有利于地埋管道系统的运行。

结合多年来的实施经验，地埋管道系统适用于平均潮差超过1.5m且郁闭度小于20%的次生红树林滩涂、红树林宜林光滩、外来生物滩涂。目前已完成中华人民共和国海洋行业标准《基于地埋管道的红树林可持续保育工程技术指南》（送审稿），有利于进行红树林地埋管道原位生态养殖系统的建设，实现红树林保护和利用的双赢模式，保持生态环境相对平衡。

六、适应国家政策需求

习近平总书记2017年4月19日在北海指出，一定要尊重科学、落实责任，把红树林保护好。2017年10月，"必须树立和践行绿水青山就是金山银山的理念"被写进党的十九大报告；"增强绿水青山就是金山银山的意识"被写进新修订的《中国共产党章程》之中。

红树林是全球重点保护的海洋生态系统和蓝色碳库，党中央、国务院高度重视红树林湿地的保护与生态修复。2019年3月30～31日，中央电视台"焦点访谈"连续两天播出"如何拯救红树林"专题节目。在我国缺乏红树林宜林滩涂的情况下，受损红树林滩涂、互花米草滩涂、废弃虾塘已成为红树林生态修复的重要地理空间，需要大笔资金投入。本技术在实现红树林修复的同时能获得相当的经济收益、创造就业机会，还可促进社会资本主动参与红树林生态修复工程，属于国家政策明确鼓励和支持的生态产业技术。迄今为止，与本技术推广应用相关的国家规划或国家行动有如下几个。

1）《全国湿地保护"十三五"实施规划》：在有高潮差的新造林和次生林滩涂，开展红树林地埋管道生态养殖示范。主要建设内容包括传统养殖虾塘改造、地埋管道、红树林种植等措施。规划建设期间，建设5个生态养殖示范基地，面积0.25万公顷。

2）我国已开始实施"南红（红树林）北柳（柽柳）""蓝色海湾"等国家行动。《全国沿海防护林体系建设工程规划（2016—2025年）》（林规发［2017］38号）：全国新造红树林4.86万hm^2，为全国现有红树林面积的1.93倍。

3）以地埋管道系统为基础的"虾塘红树林湿地生态农场"试点建设被列入《贯彻落实创新驱动发展战略打造广西九张创新名片工作方案（2018—2020年）》。

参 考 文 献

范航清, 何斌源, 韦受庆. 1996. 传统渔业活动对广西英罗港红树林区渔业资源的影响与管理对策. 生物多样性, 3: 45-52.

Fan H Q, He B Y, Pernetta J C. 2013. Mangrove ecofarming in Guangxi Province China: an innovative approach to sustainable mangrove use. Ocean & Coastal Management, 85(12): 201-208.

第三章
地埋管道原位生态养殖系统的原理及关键技术

进入21世纪以来，随着科技的进步和社会的发展，渔业生产水平突飞猛进，单位水体的渔业产量不断提高，利用红树林生境进行养殖的规模也日益扩大，但现有的养殖模式已经造成了一系列的问题，如红树林生境丧失、海区污染、养殖疾病暴发等。在技术与实践层面上，香港米埔红树林基围养殖被认为是红树林生境可持续利用最成功的模式。基围养殖在东南亚称为"红树林友好养殖"或"环境友好养殖"，在东南亚国家得到了一定范围的推广。然而，香港的基围养殖实际上是历史上砍伐部分红树林、在林内挖掘池塘建立起来的模式，几乎所有基围鱼塘内的红树植物都存在不同程度的退化现象。在不允许非法砍伐任何红树林的今天，基围养殖显然无法在连片的红树林区中推广。此外，基围养殖系统稳定性低、生态风险大、产量低，每公顷产量在几十到一百多千克，远远无法满足经济可持续的基本要求。对红树林基围养殖系统来说，如果红树林衰退或死亡，该系统即由红树林生态友好式开发方式转变为毁林养殖生态破坏式开发方式。因此，寻求既能保护红树林又能发展经济的养殖模式就极为重要。

第一节 地埋管道原位生态养殖系统的原理

广西红树林研究中心通过5年的探索与实验，依据生态学和系统工程的原理，采用新技术成果及实践经验相结合的方法，创立了"红树林地埋管道系统保育模式"，实现了在红树林滩涂地下部培育鱼类，地上部种植和修复红树林，以及滩涂表层保育与增殖天然鱼类、贝类和星虫的生态立体保育模式。该模式不仅符合红树林生境利用的生态与可持续原则的要求，而且在技术上还具有潮汐能驱动、低碳环保、天然饵料补充、抗台风暴潮能力、成活率和回捕率高、产品品质高与管理简便等优点。到目前为止，世界上其他地方都没有相似的系统，在已建立的模式中水产养殖对红树林本身没有影响的这还是第一次，也首次解决了退潮后滩涂不能养殖鱼类的世界性难题。

　　红树林地埋管道系统的水源为天然海水，涨潮时进行天然纳潮，故系统设计需要一个有一定容量的蓄水池，结合后续的使用，称该蓄水池为天然纳潮混养池塘（简称"混养塘"）。退潮之后，利用混养塘的海水，通过输水管道供给到各相对分离的养殖系统进行鱼类养殖。系统采用流动水养殖的模式，分退潮和涨潮2个时段。涨潮时，当混养塘外面滩涂的水位高于混养塘内的水位时，遂打开混养塘的水门开启纳潮模式，而一旦混养塘内的水位涨到高于混养塘外面滩涂的水位时遂关起水门。滩涂在未裸露前，养殖系统内的水体与滩涂上的水体形成一个大水体，当潮水退至滩涂裸露后，混养塘内的海水流动方向为：纳潮生态混养池塘输水管—鱼道管—投饵窗口—排污小窗口—栈道青蟹养殖装置—红树林湿地，形成一个操作方便、潮汐供能、结构合理的系统（图3-1）。

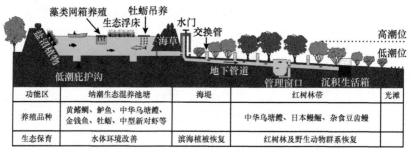

功能区	纳潮生态混养池塘	海堤	红树林带		光滩
养殖品种	黄鳍鲷、鲈鱼、中华乌塘鳢、金钱鱼、牡蛎、中型新对虾等		中华乌塘鳢、日本鳗鲡、杂食豆齿鳗		
生态保育	水体环境改善	滨海植被恢复	红树林及野生动物群系恢复		

图3-1　红树林地埋管道原位生态养殖系统原理示意图

　　圆柱形养殖窗口的特殊结构能利用潮汐蓄能实现残留物低潮时的不间断自动清除，确保养殖窗口水质的基本稳定，为提高单位空间生物量创造了条件。作为饵料（小杂鱼）进食区的养殖窗口，可同时满足残饵、排泄物、沉积物的自动清除。纳潮生态混养池塘和输水管道系统在低潮时为养殖窗口水体循环提供动力、增加溶解氧含量（图3-2，图3-3）。

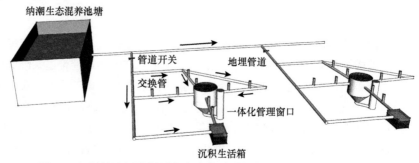

图3-2　红树林地埋管道原位生态养殖系统立体结构图

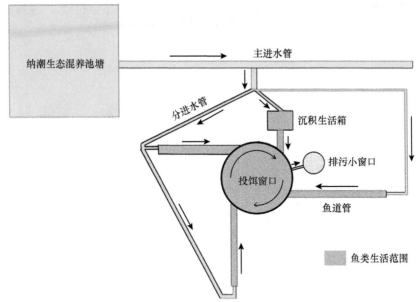

图3-3 红树林地埋管道原位生态养殖系统自净原理图

第二节 地埋管道原位生态养殖系统的关键技术

红树林地埋管道原位生态养殖系统由广西红树林研究中心自主研发,为了为红树林生态养殖提供更好的保育措施,研发团队总结了国内近年来的海水养殖实践经验,结合了我国玻璃钢、PVC等的加工工艺和性能特点,吸取了国外相关标准的内容,集成和开发了系统构建的关键技术。

一、玻璃钢一体化养殖窗口

玻璃钢一体化养殖窗口(简称"养殖窗口"),由三部分组成,即投饵窗口、底排管、排污小窗口,如图3-4~图3-6所示,除投饵窗口上与鱼道管连接的PVC管外,其余部分为玻璃钢材料制作。耐腐蚀性好是玻璃钢的最大特点之一。海水的腐蚀性极强,对耐腐蚀性要求极高。由于玻璃钢是整体成型的,无接缝,内壁光滑,与化学介质接触时,表面很少有腐蚀产物产生和结垢现象,不易滋生细菌,因此不会污染介质,极易清洗。本项目定制的玻璃钢一体化养殖窗口由广东纤力玻璃钢有限公司生产,选用食品级的原材料,制品符合食品酿造、医药工业的要求。因玻璃钢一体化养殖窗口埋于红树林湿地的淤泥中,对于制造设备的材料有一定的强度和刚度要求。玻璃钢的比重只有1.4~2.0,而纤维缠绕玻璃钢的拉伸强度可达300~500MPa,超过普通钢的极限强度。玻璃钢还是一种可以改变其原材料种类、数量比例和增强材料的排布方式，以满足不同性能要求的复合材料。未固化的树脂和增强材料有改变形状的能力，因此，可以通过不同的成型方法和模具方便地加工成所需要的形状。

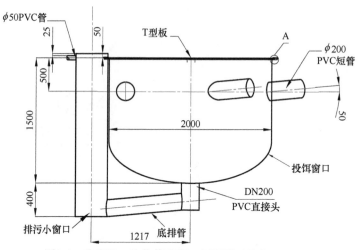

图3-4 玻璃钢一体化养殖窗口剖面图（单位：mm）

A. 图3-6；φ. 外直径；DN. 内直径

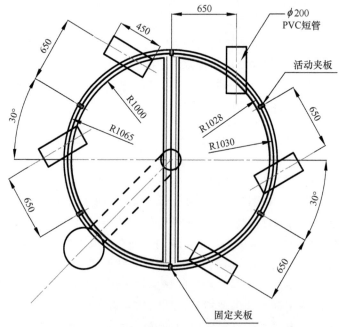

图3-5 玻璃钢一体化养殖窗口俯视图（单位：mm）

φ. 外直径；R. 半径

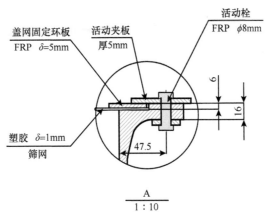

A
1:10

图3-6 玻璃钢一体化养殖窗口扣件图（单位：mm）

A. 图3-4中的A部分；FRP. 玻璃钢材质；δ. 厚度

投饵窗口为圆底桶形，壁厚7mm，直径为2000mm，深度为1500mm，底部有一个直径为200mm的孔，孔的下部接300mm长（ϕ=200mm）的PVC管，底部的孔主要便于残饵、粪便等的排出。在投饵窗口的上部嵌入5截长450mm的PVC管，PVC管与投饵窗口外表面呈45°，与水平面呈5°，PVC管的中心距投饵窗口顶部50cm，其作用主要是方便连接鱼道管，与窗口壁形成一定的角度可使流入的水流在投饵窗口中形成旋流，与水平面形成角度是为了使鱼道管尽头的水流向窗口，此外，在收获鱼类时，便于将鱼类汇集至窗口捕抓。投饵窗口的主要作用在于进行饵料的投喂，便于工作人员直接进入窗口进行投饵窗口的清洗及捕获养殖鱼类。

排污小窗口总长1950mm，直径为400mm，紧贴于投饵窗口的侧面，上部比投饵窗口高50mm，在距顶部25mm处开孔并垂直嵌入长200mm的PVC管（ϕ=50mm），排污小窗口下部比投饵窗口深400mm，主要汇集投饵窗口排除的污水并使其向外流出。

底排管（ϕ=200mm）位于排污小窗口和投饵窗口底部，连通着投饵窗口底部的一段高于连接排污小窗口的一段，主要作用在于形成高度差，使投饵窗口的沉积物等随着污水通过底排管流向排污小窗口。

如图3-6所示，在投饵窗口上边缘向外增厚至55mm（高度16mm），增厚区域的内侧（1/2）较外侧低6mm，低凹环带用于卡住盖网固定环板。在增厚区域的中间（距内边缘27.5mm）处安装活动栓，活动栓上方套住活动夹板（长40mm，宽25mm，厚5mm），可旋转活动夹板与盖网固定环板交汇以此卡住盖网。

投饵窗口为饵料（小杂鱼）进食区，同时满足残饵、排泄物、沉积物的自动清除。排污小窗口为残饵、排泄物、沉积物从投饵窗口底部向上部溢出提供通道。底排管为投饵窗口和排污小窗口连接管。

二、沉积生活箱

沉积生活箱采用防腐松木作为框架（图3-7），木材规格为5cm×5cm×100cm。框架各个边长均为100cm，为加固框架的结构，在垂直方向50cm处增加横梁。框架外围包裹尼龙网（网眼直径为1.5cm），在垂直方向上选取相对的两侧各开一个孔（ϕ=50mm），套入鱼道管，在正上方的尼龙网可解开，方便进行沉积生活箱的清理。沉积生活箱安装在距投饵窗口4m处，方便保育鱼类的出入，安装完毕后，沉积生活箱内的淤泥应保持50cm的厚度。

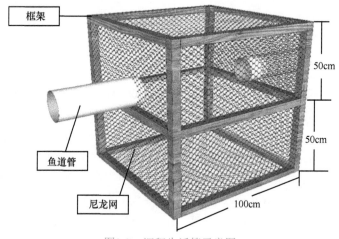

图3-7　沉积生活箱示意图

沉积物对底栖鱼类的健康生长具有不可替代的作用。沉积生活箱能满足底栖鱼类嗜好淤泥穴居的生活习性，提供度过极端天气的天然淤泥空间，充分发挥淤泥物理与生物自净的特性，增强鱼类抵御疾病的能力，进而提高成活率与产品生态品质。同时，沉积生活箱还可以显著增加鱼类活动的有效空间，间接降低红树林地埋管道原位生态养殖系统中的鱼类种群分布密度，降低养殖风险。涨潮时养殖的鱼类可通过鱼道管在沉积生活箱和一体化养殖窗口这两个功能区之间自由穿梭。

三、鱼道隔离装置

鱼道隔离装置（图3-8）将以玻璃钢一体化养殖窗口为中心的地埋管道形成一套独立的保育系统，实现保育系统的相对独立性。鱼道隔离装置根据实际情况进行水量的控制，保证每个保育系统都有足够的水流。鱼道隔离装置位于鱼道管与进水管交界处，其作用为：水可流入鱼道管，而鱼道管内的鱼进不了进水管。

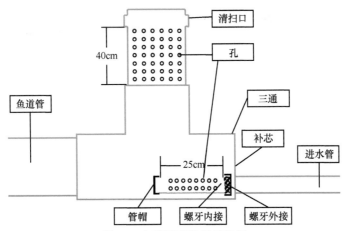

图3-8　鱼道隔离装置示意图

　　鱼道隔离装置外部结构由40cm长交换管（ϕ=200mm）、PVC三通（ϕ=200mm）、清扫口（ϕ=200mm）组成，两侧分别接鱼道管（ϕ=200mm）和进水管（ϕ=50mm）。进水管一侧需要用两个补芯，一个规格为ϕ=200mm变ϕ=110mm，另一个规格为ϕ=110mm变ϕ=50mm。规格为ϕ=110mm变ϕ=50mm的补芯需进行人工打磨，将ϕ=50mm的内部磨平使进水管可以穿过。进入鱼道管的进水管依次接上螺牙外接（ϕ=50mm）、螺牙内接（ϕ=50mm），螺牙内接接上25cm长的PVC管（打满孔，孔径ϕ=10mm），顶端接上一个管帽（ϕ=50mm）。

四、自动输水装置

　　利用地埋管道原位生态养殖系统自动输水装置，为地埋管道鱼类养殖提供一种自动输水方式，避免闸门漏水的问题，充分利用溶解氧含量较高的中上层水，降低劳动成本，避免人为操作不当引起的失误，加大地埋管道原位生态养殖系统的水流量，充分利用潮汐能。

　　地埋管道原位生态养殖系统自动输水装置（图3-9）包括三个部分：①一段材质为PVC、长度为1m、外直径为20cm、管壁厚0.4cm的进水管（图3-9，1）。进水管上部悬挂2个浮力球（图3-9，1-2），浮力球材质为PVC，直径为27cm。进水管下部悬挂2个铅块或预制水泥块（图3-9，1-3），各重4kg。进水口用网眼直径为2cm的聚氯乙烯网（图3-9，1-1）封住。靠近进水口50cm的一段密布进水孔（图3-9，1-4），孔径为1cm。②一根长10m、内直径为20cm的钢丝软管（图3-9，2）。③一根材质为PVC、外直径为20cm、管壁厚1.2cm的排水管（图3-9，3）。排水管最终与地埋管道原位生态养殖系统的输水管连接。

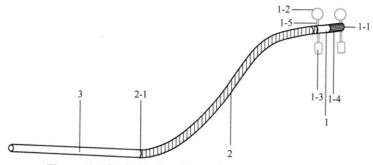

图3-9　地埋管道原位生态养殖系统自动输水装置示意图

1. 进水管，1-1. 聚氯乙烯网，1-2. 浮力球，1-3. 铅块或预制水泥块，1-4. 进水孔，1-5. 尼龙绳；2. 软管，
2-1. 扎带；3. 排水管

五、组合式栈道青蟹养殖装置

组合式栈道青蟹养殖装置主要由组合箱、庇护管、盖板、流水管、底排槽组成（图3-10）。

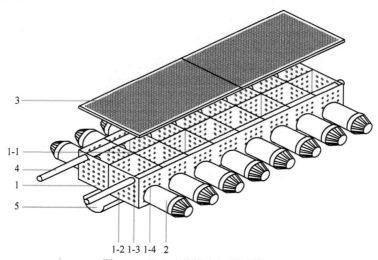

图3-10　组合式栈道青蟹养殖装置

1. 组合箱，1-1. 隔板，1-2. 交换孔，1-3. 水管孔，1-4. 连接孔；2. 庇护管；3. 盖板；4. 流水管；5. 底排槽

组合箱由PP塑料板焊接而成，可以做成单排，也可做成双排，每排由4～8个蟹舍组成。每个蟹舍的规格为长×宽×高=25cm×30cm×30cm，蟹舍的四周及底部钻孔，孔直径2cm。

庇护管是直径16cm、长25cm的PVC管，一端与蟹舍侧面相连，另一端用有孔装置封口，可为青蟹提供一个黑暗的庇护环境。

组合箱顶部盖板为玻璃钢格栅板或钻孔的PP塑料板。

流水管是直径5cm的PVC管，与一体化养殖窗口的排污小窗口溢水口相连，在蟹舍的位置流水管下方钻有直径2mm的小孔2～3个。退潮时，从小窗口溢出的水通过流水管的小孔淋入蟹舍。

底排槽是由直径20cm的PVC管锯开而成的半圆形装置，半圆朝上置于组合箱的底部，使得底部与滩涂保持一定的空间，便于水流流动及组合箱清淤。

组合箱由隔板分隔成多个蟹舍，流水管横穿组合箱中各蟹舍，流水管可接驳地埋管道养殖系统或蓄水塘中的溢出水，为滩涂青蟹养殖提供流动水，保障了青蟹在养殖过程中的蜕壳条件，且实现了潮水的再次使用，充分利用了潮汐能，提高了潮汐能的利用率。每舍一蟹的设计避免了个体间的相互残杀，且便于检查，可实时了解养殖数量及个体大小，掌控青蟹生长状况，一旦死亡可随时补充蟹苗，也可精准实现抓大留小从而进行销售。蟹舍的交换孔和庇护管实现了蟹舍内部近自然环境，减少了人为营造条件的不稳定性，为青蟹提供了更加适宜的生存环境，且底部的交换孔和底排槽可清除残饵。庇护管不仅为青蟹提供了躲避的暗环境，而且在高温季节，埋于淤泥中的庇护管可起到有效降温的效果。长方体组合箱、庇护管、盖板共同形成蟹舍的主体，既可以防止青蟹的逃逸，又可作为行走的栈道，不仅方便养殖管理，避免了对滩涂的踩踏，而且还可用于开展湿地科普，实现湿地保护和利用的有机结合。

六、其他关键构件

(一)鱼道交换管

鱼道交换管由3个PVC的管材配件组成，分别是清扫口（ϕ=200mm）、66cm长的PVC管（ϕ=200mm）、三通（ϕ=200mm），如图3-11依次连接，根据鱼道管的倾斜角度和工程实施的经验，PVC管从三通连接处起30cm起开始打孔，孔直径8mm，水平环绕PVC管一周打12个孔，约11排。

鱼道管每隔4m安装一个鱼道交换管，鱼道交换管上部有孔处露出滩涂。低潮时，为地埋管道原位生态养殖系统里的水体提供与空气接触的机会，增加溶解氧含量。涨潮时，天然饵料生物可通过鱼道交换管的小孔进入养殖系统内部，被养殖鱼类捕食。

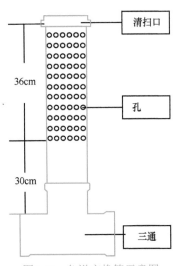

图3-11　鱼道交换管示意图

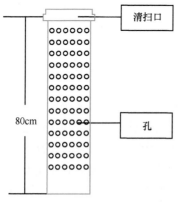

图3-12　投饵窗口底部插管示意图

（二）投饵窗口底部插管

插管由PVC清扫口（ϕ=200mm）和80cm长的PVC管（ϕ=200mm）依次连接而成（图3-12）。PVC管从距底部15cm起开始打孔，孔径8mm，每排12个，共计约15排。

插管位于投饵窗口底部，其作用是隔离养殖鱼类进入排污小窗口。在系统运行的过程中，残饵、排泄物、沉积物等随着水流从插管的小孔流进插管内，再流经底排管而从排污小窗口排出。

（三）投饵窗口顶部盖网

盖网主要由2部分组成（图3-13），一个是玻璃钢半圆框，外半径为1056mm，内半径为981mm，框宽为75mm。另一个是尼龙网（ϕ=15mm）。在玻璃钢半圆框靠内径一侧上打孔，利用白胶丝将尼龙网固定在玻璃钢半圆框上。

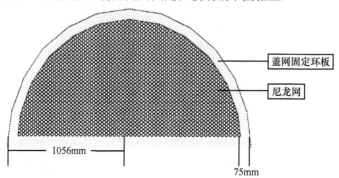

图3-13　投饵窗口顶部盖网示意图

第四章
地埋管道原位生态养殖系统的构建

第一节 地埋管道原位生态养殖系统的选址

根据几年的调查、试验得出的经验，地埋管道系统建设选址应遵循以下原则。

1）海区符合当地海洋功能区划等相关规划和规定。

去政府部门查看当地的海洋功能区划及其他相关的规划和规定，选址地必须符合这些规划和规定。特别是涉及保护区的，选址要符合保护区的管理规定，避免在保护区核心区进行本系统的建设。

2）水质符合《渔业水质标准》（GB 11607—1989），最好附近有充足的淡水水源。

要求附近没有污染源，周边水质符合《渔业水质标准》（GB 11607—1989）。红树林及地埋管道系统的主要保育动物基本是适应河口地区的半咸水物种，附近有充足的淡水水源，可使红树林和保育动物物种生长得更好。

3）海区平均潮差不小于1.5m。

潮汐是驱动地埋管道系统的能量来源，利用潮汐能把海水储存于生态混养池塘，待退潮时，把海水释放到地埋管道系统，以维持系统的正常运行。选址地的潮差不能小于1.5m，若潮差太小，一是难以让蓄水塘有足够的蓄水，二是潮差过小，退潮时露出养殖窗口的时间可能过短，难以保证系统监测和管理的需要。

4）海区滩涂为次生红树林滩涂、外来物种互花米草滩涂、无瓣海桑滩涂或宜林光滩。

本系统以恢复和保护原生红树林生态系统为首务，因此，在林相较好、红树林覆盖度较高、红树林生态系统结构较完整的区域，不宜建设本系统。

5）滩涂地形平坦，有潮沟；沉积淤泥深度＜50cm。

这样便于地埋管道系统的施工排布，以及养殖过程的管理、监测。

6）陆侧有用于纳潮混养的池塘。

改造成用于生态混养的蓄水塘，池塘的蓄水在退潮时段用于地埋管道系统的供水，是维持地埋管道系统正常运行的关键性设施。

7）交通便利，方便材料和产品的运输。

8）电力有保障。

9）周边社区居民的意愿，无反对或抵制。

第二节　地埋管道原位生态养殖系统的勘察

一、地形、地貌及滩涂植被勘查

根据选址原则选定拟建设地埋管道系统的滩涂区域后，测量纳潮生态混养池塘面积和水深及池塘有效蓄水量，测量滩涂高程、淤泥深度，调查潮沟的走向、滩涂植被状况，绘制选定滩涂区域地形、地貌及植被分布图。

二、生态环境现状本底调查和评价

对选定的滩涂区域开展环境生态现状本底调查，调查内容包括海洋环境质量、海洋生态、海洋生物及红树林生态系统的本底状况。其中，海洋环境质量、海洋生态、海洋生物调查按照《海洋调查规范》（GB/T 12763—2007）进行，红树林生态系统本底状况调查和评价参照《广西红树林生态健康监测技术规程》（DB45/T 832—2012）和《红树林生态健康评价指南》（DB45/T 1017—2014）进行。

第三节　地埋管道原位生态养殖系统的规划设计

一、地埋管道系统的建设规模

地埋管道系统的建设规模取决于用于纳潮混养的蓄水塘的大小。1套完整的地埋管道系统，由1个养殖窗口及连接于养殖窗口的管道组成。根据试验结果，养殖窗口的布设数量，要根据纳潮生态混养塘有效蓄水量、单个养殖窗口水容量及低潮暴露时间来决定，具体计算公式为

$$n = \frac{S \times (H - h)}{v \times t}$$

式中，n 为养殖窗口个数（个）；

　　　S 为纳潮生态混养塘面积（m^2）；

　　　H 为纳潮生态混养塘高潮时平均水深（m）；

　　　h 为纳潮生态混养塘低潮时平均水深（m）；

v为流入养殖窗口水流量（m³/h），当从蓄水塘流入养殖窗口的水流量等于单个养殖窗口水容量时，水体的溶解氧含量可维持鱼类的正常生长；

t为每个潮水周期不能纳潮的最长时间（h）。

例如，某地陆岸生态混养池塘的面积为10亩，高潮时平均水深2.0m，低潮时平均水深0.2m，每个养殖窗口水容量3.5m³，这个地方每个潮水周期最长有3d（72h）不能纳潮，这套管网系统能够配备的养殖窗口最大数量为

$$n = \frac{6667 \times (2.0 - 0.2)}{3.5 \times 72} \approx 48 \text{（个）}$$

二、布 局 规 划

在选定好的滩涂区域，首先做好地埋管道系统的布局规划和设计，规划的内容主要有以下几个方面。

1. 养殖窗口

根据地形和植被分布及养殖窗口的数量等，对养殖窗口进行布点安排，避开红树林密集区域，选择林间空斑和潮沟两侧。在地形和植物分布图上标出每个养殖窗口的位置。

2. 鱼道管

根据一体化养殖窗口周边地形和植被状况进行鱼道管的布局规划，决定每个养殖窗口可布设的鱼道管数量与每条鱼道管的长度，应避开红树林、大块岩石等。绘制每个养殖窗口的鱼道管布设图。

3. 输水管道

主管道埋设在沿着栈道的滩涂地下，支管道和分管道根据养殖窗口的布点与鱼道管布局来布设，应避开红树林、大块岩石等。绘制输水管道布设图。

4. 栈道

依据滩涂地形、养殖窗口布点及周边植被分布状况布设栈道，须通达每个养殖窗口。栈道分主栈道和分栈道，主栈道宽80cm，可通行斗车等小型工具车，连接到养殖窗口的为分栈道，宽60cm。绘制栈道布设图。

5. 组合式栈道青蟹养殖装置

组合式栈道青蟹养殖装置安装于养殖窗口周边滩涂，其流水管与一体化养殖窗

口的排污小窗口溢水口连接。依据一体化养殖窗口周边地形及植被状况，决定蟹笼的数量和形式（单排或双排）。绘制蟹笼排布图。

6. 增殖区

根据保育区内滩涂的地形及特性，选择合适的区域划定不同的贝类、可口革囊星虫的增殖区域。绘制增殖区规划图。

7. 红树林恢复与修复区

根据保育区滩涂的地形地貌、滩涂特性（淤积或侵蚀、粒度等），以及原有植被的状况（次生红树林、宜林光滩或外来生物滩涂等），选定红树林恢复或修复的造林方式（次生林修复改造、光滩红树林恢复、特种造林等）。绘制红树林恢复与修复区域图，拟定红树林恢复与修复施工方案。

第四节　地埋管道原位生态养殖系统的材料选择和准备

建设地埋管道系统目前还没有现成的材料，必须在施工前定制或自己制作。

1. 一体化养殖窗口

一体化养殖窗口为玻璃钢材质，由主窗口及排污小窗口组成，二者由底排管相连通，一次成型（图4-1）。需在施工前，联系玻璃钢制造厂家定制。

图4-1　一体化养殖窗口

2. 鱼道管

鱼道管为ϕ20cm的PVC管。施工前，需与厂家或经销商联系定时供货，以保证施工使用。与鱼道管连接的交换管（图4-2），需要在施工前自行制作。

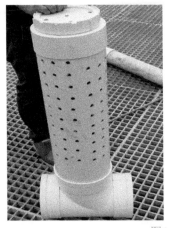

图4-2 交换管

3. 输水管道

输水管道分为主管道、支管道和分管道3种。

主管道为ϕ20cm的PVC管，顺着潮沟或红树林较稀疏的地方埋设于红树林滩涂下30～40cm深处，从纳潮生态混养池塘引水到地埋管道养殖系统。每条主管道可为15～20套地埋管道系统供水。

支管道为ϕ11cm的PVC管，从主管道引水至每一套地埋管道系统（1个养殖窗口）。

分管道为ϕ5cm的PVC管，从支管道引水至每一条鱼道管。

施工前，根据需求量与厂家或经销商联系定时供货，以保证施工使用。

分管道与鱼道管之间通过鱼道隔离装置（图4-3）相连，防止养殖鱼类进入输水管道。鱼道隔离装置由2个补芯（一个规格为ϕ=200mm变ϕ=110mm，另一个规格为

图4-3 鱼道隔离装置

ϕ=110mm变ϕ=50mm）和一截ϕ5cm、长50cm的PVC管构成，PVC管上密布1cm小孔，PVC管一头用管塞堵住，另一头穿过补芯与分道管连接。鱼道隔离装置需于施工前自行制作。

4. 栈道

栈道是由岸边通往每一个养殖窗口的步道，用于日常管理，由水泥柱、水泥横梁和玻璃钢格栅组成。主栈道宽80cm，分栈道宽60cm，路面高度距滩涂表面50～60cm。

水泥柱、水泥横梁根据规划数量需求自行制作。玻璃钢格栅需在施工前与玻璃钢厂家定制。

5. 组合式栈道青蟹养殖装置

组合式栈道青蟹养殖装置需在施工前定制。

第五节　地埋管道原位生态养殖系统的施工

一、滩涂整治

对规划好的滩涂区域进行整治，以适应地埋管道系统的布设和红树林造林恢复。尤其是新建造林、特种造林的区域，要先对造林滩涂进行整治。例如，在主要以石块为主的滩涂（图4-4），直接人工种植极为困难。对于这样的滩涂，必须通过开沟（图4-5）、回土填平（图4-6）等整治措施，才能进行地埋管道系统的铺设和红树林造林恢复。

图4-4　红树植物困难立地滩涂

图4-5　滩涂的开沟整治

图4-6　滩涂的回土填平

二、生态混养蓄水塘改造

原有的陆岸虾塘等，必须经过改造才能满足地埋管道系统运行的需要。改造的主要内容有以下几个方面。

1. 塘底清淤及挖深

对塘底进行清淤，然后进行沟状挖深改造，确保塘内水位在最低潮时仍有足够水量维持塘内生物的生存和地埋管道系统的运行（图4-7）。

图4-7　生态混养蓄水塘清淤及沟状挖深

2. 塘堤加固及防渗水处理

对塘堤进行加固和防渗水处理，确保塘堤牢固、无渗水，低潮时维持塘内水位（图4-8）。

图4-8　生态混养蓄水塘塘堤改造

3. 塘堤及塘内植被恢复

塘堤进行滨海耐盐植物的恢复，在塘内水深较浅区域进行红树林、盐沼植物或海草的恢复。

4. 塘堤水门改造

对塘堤水门进行改造，增加水门的水密性，防止水门漏水。同时，预埋地埋管道养殖系统的主输水管道及管道阀门。

三、增养殖设施的建设

（一）施工前期准备

1. 办理相关手续

依照有关程序和要求办理相关手续，明确建设内容、建设规模、经费来源、建设工期、项目主管领导和主管部门等要点。在取得政府相关部门的建设许可后，才能开工建设。

2. 勘察形成施工方案

在已选定好的施工区域，进行现场勘察，并对环境影响进行评估。根据勘察的结果形成合理的施工图纸，如底质为岩石或者淤泥太多，可选择不同的施工方式。未有施工图纸不得进行施工。一般施工的时间应根据潮汐的变化，选低潮的季节在白天进行施工。

3. 施工人员的遴选

由于地埋管道系统的施工区域位于红树林潮间带滩涂，受潮水的影响大，十分泥泞难行，而施工作业必须在低潮时迅速完成，且潮汐变化大，对不熟悉潮汐的工人危险性较大，建议在施工过程中聘请当地具有涉海经验的工人进行施工。

（二）动物养殖设施建设

1. 一体化养殖窗口埋设

养殖窗口是地埋管道系统的主要组成部分，养殖窗口的埋设最关键的是基槽挖掘，而基槽挖掘是地埋管道系统建设难度最大的一个部分。经过实践，我们总结出基槽挖掘主要有以下三种方法。

（1）挖掘机作业法

条件要求：交通便利，可方便大型机械的进入；底质较硬，不会导致挖掘机下陷；红树林较少或为光滩，不损坏红树林。

具体操作：将挖掘机开至指定的区域，在预先选好的地点根据技术人员的指导进行开挖，基槽挖好后在基槽内铺上尼龙网，随后放入沙袋，在基槽底部预先留出底排管的空间。利用挖掘机将养殖窗口吊起并移入基槽内，随后利用抽水机迅速抽水灌满养殖窗口，将预先放好的尼龙网绑在养殖窗口上，之后用泥土填满养殖窗口周边的空隙。接着在养殖窗口边上挖出鱼道管的位置，接上连接养殖窗口的鱼道管（图4-9）。

图4-9　一体化养殖窗口埋设——挖掘机作业法

（2）人工挖掘作业法

条件要求：底质没有坚硬的岩石或为淤泥，较容易开挖且不易坍塌。

具体操作：预先在基槽开挖的区域做好标志，在涨潮的时候利用浮力将养殖窗口拉至指定的区域。退潮时，在预先选好的地点根据技术人员的指导进行开挖，挖掘过程中不要将泥土直接放至边上，容易导致坍塌，可以选择接力的方式，以8人一组一起共同施工为好，2人或3人在基槽内，将挖起的泥土送至边上其他人员处，随后由他们推至较远的地方堆放。基槽挖好后在基槽内铺上尼龙网，随后放入沙袋，在基槽底部预先留出底排管的空间。人工将养殖窗口吊起并移入基槽内，随后利用抽水机迅速抽水灌满养殖窗口，将预先放好的尼龙网绑在养殖窗口上，随后用泥土填满养殖窗口周边的空隙。接着在养殖窗口边上挖出鱼道管的位置，接上连接养殖窗口的鱼道管（图4-10）。

（3）抽沙机作业法

条件要求：底质为烂泥或为细沙质，石砾含量不高，容易坍塌，易形成泥浆被抽走。

具体操作：预先在基槽开挖的区域做好标志，在涨潮的时候利用浮力将养殖窗口拉至指定的区域。

退潮后，在预先选好的地点周围找好水源，先用高压水枪喷射，再利用抽沙机

图4-10　一体化养殖窗口埋设——人工挖掘作业法

将泥浆抽走（图4-11）。接下来的操作与人工挖掘基槽的操作基本相同，即基槽基本
形成后，在内部铺上尼龙网，随后放入沙袋，在基槽底部预先留出底排管的空间。
人工将养殖窗口吊起并移入基槽内，随后利用抽水机迅速抽水灌满养殖窗口，将预
先放好的尼龙网绑在养殖窗口上，随后用泥土填满养殖窗口周边的空隙。接着在养
殖窗口边上挖出鱼道管的位置，接上连接养殖窗口的鱼道管。

图4-11　一体化养殖窗口埋设——抽沙机作业法

三种作业方式的优缺点如下。

A. 挖掘机作业法

优点：效率高，费用低。

缺点：受地形影响大，淤泥较厚的地方无法作业。

B. 人工挖掘作业法

优点：受地形影响小。

缺点：效率低，费用高。

C. 抽沙机作业法

优点：可快速抽干淤泥和海水，比人工挖掘作业法效率高。

缺点：受底质影响大，易被石块堵塞，淤泥太稀易塌方，黏性太强则无法抽吸。

2. 鱼道管及交换管安装

养殖窗口埋设好之后，开始安装鱼道管和交换管。每个养殖窗口最多可安装5条鱼道管，具体的安装数量视养殖窗口周边的地形和红树林的疏密程度而定，一般安装3～4条。

安装时，从连接养殖窗口的第一根开始安装，向外延伸。每条鱼道管长12m，每隔4m（一根的管长度）安装一个交换管。每条鱼道管安装3个交换管，安装好的鱼道管埋于地下，只是露出交换管。在每条鱼道管的末端，安装一个鱼道隔离装置，其作用为：从生态混养蓄水塘经过输水管放出来的水可流入鱼道管，而鱼道管内的鱼进不了输水管（图4-12）。

图4-12　鱼道管及交换管安装

3. 输水管道安装

输水管道是指从生态混养蓄水塘引水进入地埋管道系统的管道系统，由主管道、支管道和分管道组成。

（1）输水主管道

输水主管道是从生态混养蓄水塘水门处引水到地埋管道系统的管道（图4-13），由 ϕ200mm、长4m的PVC塑料管连接而成。主输水管道埋设在栈道地下，可利用栈道的水泥桩进行固定，也可用木桩或水泥砖压住，间隔50m预留排气孔，以防输水主水管内有空气而上浮。

图4-13　输水主管道安装

（2）输水支管道

输水支管道是从输水主管道引水到每个养殖窗口的管道（图4-14），由 ϕ110mm、长4m的PVC塑料管连接而成。

图4-14　输水支管道安装

（3）输水分管道

输水分管道是从支管道到每条鱼道管的输水管道（图4-15），由ϕ50mm的PVC塑料管连接而成，每条分管道安装一个球阀，用于控制每条鱼道管的流水量，分管道最终与鱼道管的鱼道隔离装置相连。

图4-15　输水分管道安装

4. 组合式栈道青蟹养殖装置埋设

安装好地埋管道系统后，埋没组合式栈道青蟹养殖装置。埋设时，按照规划图，在合适的位置挖沟，深度以没过组合式栈道青蟹养殖装置2/3为宜，庇护管全部埋于滩涂地下。流水管与管网养殖系统一体化养殖窗口的排污小窗口相连接（图4-16）。

图4-16　组合式栈道青蟹养殖装置埋设

（三）动物增殖区的选择

进行增殖的动物种类为可口革囊星虫［*Phascolosoma (Phascolosoma) arcuatum*］，经济贝类如泥蚶（*Tegillarca granosa*）、红树蚬（*Polymesoda erosa*）等。

根据不同动物的栖息习性，在地埋管道系统建设的区域内选择合适的增殖区。可口革囊星虫增殖场地宜选择在次生红树林区光滩或红树林宜林光滩，以地势较高、泥质较紧实的泥沙质区域较好。经济贝类增殖场地宜选择在次生红树林区光滩或红树林宜林光滩，以地势较低、退潮后还有少量海水淹没、泥质较稀松的泥沙质区域较好（图4-17）。

图4-17　动物增殖区

（四）栈道铺设

为了减轻地埋管道系统运行管理过程中对红树林滩涂的扰动，同时也为了运行过程中生产管理和监测的便利，在地埋管道系统埋设区域要修建栈道延伸到每个养殖窗口。

1. 准备工作

栈道由钢筋水泥制作的桩、梁及玻璃钢格栅组成。

水泥桩、梁等制品，应提前预订，避开雨季。用于布设栈道的水泥桩、梁的规格需要根据现场勘察确定具体的长度。玻璃钢格栅为由2cm×2cm方格孔组成、厚度为2cm的玻璃钢制品。要事先向厂家预定。一般为2种规格，一种是用来铺设主栈道的，规格为长×宽=100cm×80cm，另一种是用来铺设引到每个养殖窗口的分栈道的，规格为长×宽=100cm×60cm（图4-18）。

图4-18　铺设栈道的材料

2. 栈道施工

施工在退潮时进行,在预先规划好的栈道线路上,埋设适宜长度的水泥桩,水泥桩埋设好之后,在上面架设水泥梁,然后铺设玻璃钢格栅,格栅用力士胶丝绑紧固定在水泥梁上(图4-19)。

图4-19　栈道的铺设

第五章
地埋管道原位生态养殖系统的适养动物及苗种供给

第一节 红树林中具有经济价值的动物

目前，在我国红树林湿地已记录的生物物种超过2800种。高度适应红树林生境的大型底栖动物有873种，包括腔肠动物门8种、扁形动物门3种、线形动物门29种、纽形动物门4种、环节动物门142种、星虫动物门11种、螠虫动物门3种、软体动物门348种、节肢动物门250种、腕足动物门1种、棘皮动物门28种、脊索动物门46种。

红树林湿地中经济价值较大的动物超过100种，主要种类有星虫动物的裸体方格星虫和可口革囊星虫；软体动物的荔枝螺、斑玉螺、粒花冠小月螺、泥螺、红树蚬、香港牡蛎、文蛤、丽文蛤、青蛤、平蛤蜊、弯竹蛏、大竹蛏、长竹蛏、缢蛏、尖齿灯塔蛏、褐蚶、泥蚶、毛蚶、栉江珧、长蛸等；甲壳动物的刀额新对虾、长毛对虾、日本对虾、斑节对虾、脊尾白虾、罗氏沼虾、拟穴青蟹、三疣梭子蟹、黑斑口虾蛄等；鱼类的中华乌塘鳢、杂食豆齿鳗、食蟹豆齿鳗、日本鳗鲡、大弹涂鱼、弹涂鱼、尖吻鲈、黄鳍鲷和各种鰕虎鱼等。多毛类大都可作为高级钓饵，并可从中提取药物。蜒螺科动物也常被食用。滨螺、蟹守螺、贻贝、牡蛎、藤壶等可作为养殖鱼虾的新鲜蛋白饵料。

红树林周边市场调查显示，在市场上出现频率较高、有一定交易量的红树林经济动物有78种，包括鱼类、虾类、蟹类、贝类、星虫类等（表5-1）。

表5-1 红树林重要经济动物名录

序号	中文名	拉丁名	经济价值
1	中华乌塘鳢	*Bostrychus sinensis*	食用、药用
2	弹涂鱼	*Periophthalmus modestus*	食用、药用
3	大弹涂鱼	*Boleophthalmus pectinirostris*	食用、药用
4	日本鳗鲡	*Anguilla japonica*	食用、药用
5	杂食豆齿鳗	*Pisodonophis boro*	食用、药用

续表

序号	中文名	拉丁名	经济价值
6	食蟹豆齿鳗	*Pisodonophis cancrivorus*	食用、药用
7	斑鰶	*Konosirus punctatus*	食用、药用
8	尖吻鲈	*Lates calcarifer*	食用
9	花鲈	*Lateolabrax japonicus*	食用、药用
10	鲻鱼	*Mugil cephalus*	食用、药用
11	圆吻凡鲻	*Moolgarda seheli*	食用、药用
12	红眼鲻	*Mugil gaimardianus*	食用
13	前鳞骨鲻	*Osteomugil ophuyseni*	食用、药用
14	棱鲅	*Liza carinata*	食用、药用
15	多鳞鱚	*Sillago sihama*	食用、药用
16	黑背圆颌针鱼	*Tylosurus acus melanotus*	食用
17	灰鳍棘鲷	*Acanthopagrus berda*	食用
18	黄鳍棘鲷	*Acanthopagrus latus*	食用、药用
19	金钱鱼	*Scatophagus argus*	食用、药用
20	绿斑细棘鰕虎鱼	*Acentrogobius chlorostigmatoides*	食用、药用
21	舌鰕虎鱼	*Glossogobius giuris*	食用
22	裸项栉鰕虎鱼	*Ctenogobius gymnauchen*	食用
23	红狼牙鰕虎鱼	*Odontamblyopus rubicundus*	食用、药用
24	乳色刺鰕虎鱼	*Acanthogobius lactipes*	食用
25	钝尾鰕虎鱼	*Amblychaeturichthys hexanema*	食用
26	长毛对虾	*Penaeus penicillatus*	食用、药用
27	斑节对虾	*Penaeus monodon*	食用、药用
28	日本对虾	*Penaeus japonicus*	食用、药用
29	墨吉对虾	*Penaeus merguiensis*	食用、药用
30	中国对虾	*Penaeus chinensis*	食用、药用
31	刀额新对虾	*Metapenaeus ensis*	食用
32	中国毛虾	*Acetes chinensis*	食用、药用
33	泥虾	*Laomedia astacina*	食用
34	哈氏仿对虾	*Mierspenaeopsis hardwickii*	食用、药用
35	宽沟对虾	*Penaeus latisulcatus*	食用
36	短沟对虾	*Penaeus semisulcatus*	食用
37	近缘新对虾	*metapenaeus affinis*	食用

续表

序号	中文名	拉丁名	经济价值
38	鹰爪虾	*Trachysalambria curvirostris*	食用
39	脊尾白虾	*Palaemon carinicauda*	食用、药用
40	日本鼓虾	*Alpheus japonicus*	食用、药用
41	拟穴青蟹	*Scylla paramamosain*	食用、药用
42	三疣梭子蟹	*Portunus trituberculatus*	食用、药用
43	远海梭子蟹	*Portunus pelagicus*	食用、药用
44	长腕和尚蟹	*Mictyris longicarpus*	食用、饵料
45	中华虎头蟹	*Orithyia sinica*	食用
46	脊条褶虾蛄	*Lophosquilla costata*	食用、药用
47	黑斑口虾蛄	*Vossquilla kempi*	食用
48	泥蚶	*Tegillarca granosa*	食用、药用
49	褐蚶	*Didimacar tenebrica*	食用、药用
50	毛蚶	*Anadara kagoshimensis*	食用、药用
51	不等壳毛蚶	*Anadara inaequivalvis*	食用、饵料
52	香港牡蛎	*Magallana hongkongensis*	食用、药用
53	大竹蛏	*Solen grandis*	食用、药用
54	缢蛏	*Sinonovacula constricta*	食用、药用
55	长竹蛏	*Solen strictus*	食用、药用
56	尖齿灯塔蛏	*Pharella acutidens*	食用、药用
57	弯竹蛏	*Solen tchangi*	食用
58	河蚬	*Corbicula fluminea*	食用
59	红树蚬	*Polymesoda erosa*	食用
60	薄片镜蛤	*Dosinia laminata*	食用、药用
61	文蛤	*Meretrix meretrix*	食用、药用
62	丽文蛤	*Meretrix lusoria*	食用、药用
63	短偏顶蛤	*Modiolatus flavidus*	食用
64	青蛤	*Cyclina sinensis*	食用、药用
65	曲畸心蛤	*Anomalocardia flexuosa*	食用、药用
66	杂色蛤仔	*Venerupis aspera*	食用、药用
67	平蛤蜊	*Mactromeris polynyma*	食用、药用
68	栉江珧	*Atrina pectinata*	食用、药用
69	粒花冠小月螺	*Lunella coronata granulata*	食用、药用

续表

序号	中文名	拉丁名	经济价值
70	泥螺	*Bullacta caurina*	食用、药用
71	可变荔枝螺	*Indothais lacera*	食用、药用
72	斑玉螺	*Natica maculosa*	食用、药用
73	石磺	*Peronia verruculata*	食用、药用
74	可口革囊星虫	*Phascolosoma (Phascolosoma) arcuatum*	食用、药用
75	光裸方格星虫	*Sipunculus (Sipunculus) nudus*	食用、药用
76	双喙耳乌贼	*Sepiola birostrata*	食用、药用
77	长蛸	*Octopus minor*	食用、药用
78	鸭嘴海豆芽	*Lingula anatina*	食用、饵料

第二节　红树林地埋管道原位生态养殖系统养殖物种选择原则

1）尽量选择乡土物种，杜绝外来入侵物种。

2）养殖动物应高度适应红树林生境，具有广温性、耐干露、耐H_2S和高还原性环境等特点。

3）选择的物种需分布广，在我国乃至东南亚地区均可自然生长，提高推广利用潜力。

4）选择的物种应位于食物链的不同营养级次，有利于形成相对稳定的生物群落，有利于充分利用红树林丰富的饵料资源。

5）选择的物种应具有不同的生活型，可立体配置，便于充分利用红树林生境空间。

6）地埋管道内养殖经济价值高的底栖鱼类，滩涂增殖营养级较低的物种。

第三节　红树林地埋管道原位生态养殖系统潜在的适养动物

在红树林地埋管道生态养殖系统中，可利用的养殖空间包括埋于林下滩涂中的管道内、滩面、滩涂表层土壤、潮沟及海向林缘外滩涂等。分析红树林重要经济动物的生物学特性和生态位，结合红树林地埋管道生态养殖系统养殖物种选择原则，20种经济动物可能适养，包括鱼类7种、虾类2种、蟹类1种、贝类7种、星虫类2种、其他1种（表5-2）。

表5-2 红树林地埋管道原位生态养殖系统潜在的适养动物

序号	中文名	商品名	养殖空间
1	中华乌塘鳢	鲴鱼、土鱼	地埋管道内
2	日本鳗鲡	白鳝、青鳝、鳗鱼、白鳗	地埋管道内
3	杂食豆齿鳗	土龙、刺鳗、骨鳗	地埋管道内
4	食蟹豆齿鳗	帆鳍鳗	地埋管道内
5	弹涂鱼	花跳、跳跳鱼、跳狗鱼	中高潮洼地滩面
6	大弹涂鱼	跳鱼、泥猴	中高潮洼地滩面
7	红树蚬	马蹄蛤、牛屎螺	中高潮带埋栖
8	可口革囊星虫	泥虫、泥丁、土笋	中潮带埋栖
9	光裸方格星虫	沙虫、沙肠子	海向林缘
10	石磺	涂龟、泥龟、海癞子	中低潮带滩面
11	青蛤	赤嘴仔、赤嘴蛤、红口螺	中低潮带埋栖
12	泥蚶	血蚶、血螺、瓦垄哈	中低潮带埋栖
13	拟穴青蟹	青蟹、正蟳、和乐蟹	潮沟边缘、管网出水口
14	香港牡蛎	牡蛎、大蚝、白肉蚝	潮沟边缘、养殖窗口
15	鲻鱼	鲻鱼、乌头、乌鲻	潮沟
16	刀额新对虾	基围虾、泥虾	潮沟
17	泥虾	大指泥虾、泥虾	潮沟
18	文蛤	车螺、花蛤	海向林缘外滩涂
19	缢蛏	蛏子、指甲螺	海向林缘外滩涂
20	杂色蛤仔	蛤蜊、花蛤、沙砚子	海向林缘外滩涂

第四节 红树林地埋管道原位生态养殖系统适养动物介绍

从市场需求、养殖技术、养殖效益和红树林地埋管道生态养殖系统中的试养效果等方面综合分析，结果发现，10种动物适合开展养殖（表5-3）。

表5-3 红树林地埋管道原位生态养殖系统适养动物

序号	种名	市场需求	供应状况	市场预期	价格（元/kg）	养殖技术	养殖效益[*]
1	中华乌塘鳢	大	不足	好	100～160	成熟	++++
2	杂食豆齿鳗	大	不足	很好	200～320	试验	++++

续表

序号	种名	市场需求	供应状况	市场预期	价格（元/kg）	养殖技术	养殖效益*
3	弹涂鱼	大	不足	很好	240～360	成熟	+++
4	大弹涂鱼	大	不足	很好	200～300	成熟	+++
5	可口革囊星虫	大	不足	很好	80～140	成熟	+++++
6	红树蚬	中等	正常	较好	5～10	试验	+
7	香港牡蛎	大	正常	好	8～12	成熟	++
8	泥蚶	大	不足	很好	60～80	成熟	++
9	青蛤	大	不足	很好	12～20	成熟	++
10	拟穴青蟹	大	不足	很好	80～240	成熟	+++++

*养殖效益由高到低分为5档，"+"越多表示效益越高。

一、中华乌塘鳢

1. 价值

中华乌塘鳢肉质细腻、味道鲜美、营养丰富,具有健脑、强肾的功效,可以通过药膳的方式进行滋补,特别是对消除小儿疳积有奇特的效果,深受人们喜爱。

2. 形态特征

中华乌塘鳢体被单列型栉鳞,手摸鱼体有粗糙感。体延长,前部略圆,后部侧扁。吻宽圆。尾鳍基底上方有一黑色圆斑,尾鳍具多条暗色条纹。

3. 地理分布

中华乌塘鳢广泛分布于日本、泰国、斯里兰卡、印度、澳大利亚、马来西亚及中国的广西、广东、福建、浙江等地沿海。

4. 生态习性

1）栖息:中华乌塘鳢为暖水性浅海咸淡水鱼类,栖息于河口、港湾泥质或砂泥滩涂的泥孔或洞穴中。广盐性,最适盐度为5～15,21以上时生长缓慢。最适水温为23～26℃,当水温低于15℃时,其一般在洞穴中,不外出觅食,致死水温为10℃以下。

2）食性:肉食性,主要摄食小鱼、虾、蟹、水生昆虫等。

3）性别和繁殖季节:雌雄异体,繁殖高峰期分别在5～6月和8～9月。

4）耐干露能力:耐干露能力强,具有较长时间离水、靠鳃上器和湿润的体表皮肤进行气体交换的能力,体表湿润的情况下可存活96h以上。

5）寄居动物：常有鱼虱、锚头鳋等寄生虫寄居在体表，尤其在春夏雨季，寄居率几乎达100%。

二、杂食豆齿鳗

1. 价值

杂食豆齿鳗肉质鲜美，骨架亦可食用，营养价值高，为高级食用鱼种。沿海居民用作滋补品，滋补强壮，补益气血，活血通络，祛风除湿。

2. 形态特征

杂食豆齿鳗头较小，吻短钝。体细长呈圆柱形。体无鳞，皮肤完全光滑裸露。侧线明显。背鳍、臀鳍发达，不相连续，均止于近尾端的稍前方。无尾鳍，尾端尖突。

3. 地理分布

杂食豆齿鳗分布于印度—西太平洋海区，索马里与坦桑尼亚到纳塔尔，印度南部与斯里兰卡，印度尼西亚到波利尼西亚，中国东海和南海。

4. 生态习性

杂食豆齿鳗栖息在沿岸及河口区的泥质海底，常将身体埋伏在淤泥中，伺机捕食鱼类和甲壳类，是极端凶猛的肉食性鱼类。目前关于它的相关研究多属空白。

三、弹涂鱼

1. 价值

弹涂鱼为食用鱼类，肉味鲜美、营养丰富，有滋补功效，在浙江、福建、台湾、广东等地被公认为食补佳品。

2. 形态特征

弹涂鱼体延长，侧扁，背缘平直，尾柄较长。头宽大，略侧扁。吻短而圆钝，斜直隆起，吻褶发达，边缘游离，盖于上唇。眼小，背侧位，位于头的前半部。鼻孔每侧2个，相距较远。口宽大，亚前位，平裂。唇发达，软厚。舌宽圆形，不游离。颌部无须，鳃盖条5根。体及头均被小圆鳞，无侧线。背鳍2个，鳍棘较长。胸鳍尖圆，基部肌肉发达，呈臂状肌肉柄。左、右腹鳍基部愈合成一心形吸盘。尾鳍圆形，下缘斜直。成体一般体长10～12cm，体重15～25g。

3. 地理分布

弹涂鱼分布于中国沿海、朝鲜半岛和日本。

4. 生态习性

1）栖息：弹涂鱼栖息于底质为淤泥、泥沙的高潮区或半咸、淡水的河口与沿海岛屿、港湾的滩涂处及红树林中，也进入淡水。适温性、适盐性广，定居洞穴。常依靠发达的胸鳍肌柄匍匐或跳跃于泥滩上，退潮时在滩涂上觅食。视觉和听觉灵敏，稍有惊动，就很快跳回水中或钻入洞穴。

2）食性：杂食性，主食浮游动物、昆虫、沙蚕、桡足类、枝角类等，也食底栖硅藻和蓝绿藻。

3）性别和繁殖季节：雌雄异体，繁殖季节为4～9月，盛期为5～7月。

4）耐干能力：弹涂鱼可用内鳃腔、皮肤和尾部作为呼吸辅助器官。只要身体湿润，便能较长时间露出水面生活。

四、大弹涂鱼

1. 价值

大弹涂鱼为食用鱼类，肉味鲜美、营养丰富，有滋补功能。

2. 形态特征

大弹涂鱼鱼体延长，侧扁，头大，近圆筒形。成体一般体长10～20cm，体重20～50g。眼小位高，互相靠拢，突出于头顶之上，下眼睑发达。口大略斜，两颌等长。体被小圆鳞，无侧线。胸鳍基部宽大，肌肉柄发达，腹鳍愈合成吸盘。体深褐色，背鳍和尾鳍上有蓝色小圆点。体背黑褐色，腹部灰色。

3. 地理分布

大弹涂鱼分布于中国东海和南海、朝鲜半岛、日本。

4. 生态习性

1）栖息：栖息于港湾和河口潮间带淤泥滩涂，喜河口咸淡水交汇处和红树林海滩。穴居，孔穴深达50～70cm，孔穴一般是独占性的，但在繁殖季节常有雌雄同穴现象。利用胸鳍和尾鳍在水面、沙滩和岩石上爬行或跳跃。广温广盐性，水温24～33℃时生长较快，14℃以下时隐居洞穴，索食少，生长慢。最适宜海水比重为1.010～1.020，在淡水中维持时间超过10d会引起死亡。

2）食性：杂食性，主食底栖硅藻、蓝绿藻和颗粒有机碎屑，偶尔捕捉小昆虫、桡足类和圆虫等。

3）性别和繁殖季节：雌雄异体，繁殖季节为4～9月，盛期为5～7月。

4）耐干能力：大弹涂鱼可用内鳃腔、皮肤和尾部作为呼吸辅助器官。只要身体湿润，便能较长时间露出水面生活。

五、可口革囊星虫

1. 价值

可口革囊星虫味道鲜嫩可口、营养丰富，为餐桌上的珍品，具有补肾、滋阴泻火、抗疲劳、增强免疫力和延缓衰老的功效，在我国东南沿海被誉为"动物人参"和"海洋冬虫夏草"。

2. 形态特征

可口革囊星虫体呈长袋状或烧瓶状，分为前部的翻吻和后部的躯干。翻吻部细小，可通过收吻肌的收缩作用全部缩进体腔中。体长一般为几厘米至十几厘米，体色灰白至灰黑色。在自然状态下，1龄可口革囊星虫可生长到3～5g，2龄可生长到15～18g。

3. 地理分布

可口革囊星虫为中国特有种，广泛分布于我国东南沿海的广西、广东、海南、福建和浙江等省区。

4. 生态习性

1）栖息：可口革囊星虫营埋栖生活，多在红树林区、海草床及海水盐度较低，硅藻和有机碎屑较丰富的入海河口区泥质滩涂定居。栖息深度10～20cm，但摄食时常爬到洞口附近。自然分布海区的海水温度、pH和盐度年平均变幅分别为5～32℃、6.8～8.6和3～25，适宜生长的范围分别为20～28℃、7.8～8.4和8～18。

2）食性：吞食性动物，以口前翻吻的捕捉作用吞食消化基质中的硅藻泥和有机碎屑。

3）性别和繁殖季节：雌雄异体，生殖细胞在发育的很早时期就脱离生殖腺，进入体腔中与血液混在一起，在体腔中发育成熟。在体腔中发育的精子和卵子达到成熟时，被肾管收集，然后排放到体外的海水中。幼体发育要经过担轮幼虫期和海球幼虫期，最后经过附着变态才变成成体星虫。繁殖期为每年的3月下旬至9月底，有分批产卵现象。最大怀卵量可达到100万粒以上。

4）耐干能力：可口革囊星虫耐干力较强，被挖出的个体如果不洗掉附在身上的泥土，在室内干露一个星期也不会死亡。因此，它们能适应干露时间较长的高潮滩生态环境。

六、红 树 蚬

1. 价值

红树蚬有食用和药用价值。其肉味鲜美，与苦瓜炒食或煮食的汤呈乳白色，甘润清凉，服后能消渴、解酒，并有开胃、通乳、利尿、清热等功效。

2. 形态特征

红树蚬贝壳中大型，壳近圆形且膨胀，表面披黄绿色的壳皮，生长纹不明显，外韧带黑褐色，壳内呈瓷白色，铰合部具主齿3枚，左壳前、中主齿和右壳中、后主齿二分叉，前侧齿粗短，后侧齿与主齿分离，位于后背缘的中部。前闭壳肌痕长卵形，后闭壳肌痕大，近马蹄形。外套痕明显，外套窦浅。

3. 地理分布

红树蚬分布于热带-亚热带海区，印度、越南、日本和我国的台湾、广东、广西、海南等沿海均产，生长于潮间带高潮区和咸淡水交汇处的河口，尤以有红树生长的地带较多，故名红树蚬。此外，在盐场和有海水渗入离海较远的河沟亦有分布。

4. 生态习性

1）栖息：红树蚬营潜栖生活，栖息深度5～10cm，一般以贝壳的后腹缘朝上，前背缘向下，呈倾斜状，钻穴后在滩涂表面留有1.5～2.0cm呈线状的洞痕。大雨过后红树蚬常上移到滩涂表面，这一特性被村民利用：在雨后进入红树林滩涂可较轻松地捕到红树蚬。红树蚬自然分布海区的海水温度年平均变幅为15.9～30℃，最适宜生长水温为20～28℃；海水pH为6.8～8.6，在偏碱性的水域（pH为7.2～8.2）生长较快。红树蚬对盐度的适应范围较广，最适宜盐度为5～20。红树蚬喜聚集在红树林下遮阴处，底质为软泥、泥质砂或砂质泥。在腐殖质较多的黑色泥质砂中也有分布。不同的底质对红树蚬壳的颜色有影响，生活在软泥、泥质砂中的贝壳呈黑褐色，生活在砂质泥中的贝壳呈黄褐色。

2）食性：红树蚬为滤食性贝类，靠鳃和唇瓣滤食海水中的单细胞藻类和有机碎屑。

3）性别和繁殖季节：雌雄异体，雌性的性腺呈紫褐色，雄性呈乳黄色，雌、雄比近1∶1。同龄雌性个体较雄性大。一龄即达性成熟，繁殖期为5～9月。

4）耐干能力：红树蚬耐干能力较强。置于28～31℃条件下干露，18d开始死亡，最长耐受38d。一般个体大的比个体小的耐干能力强。

5）寄居动物：常有豆蟹寄居在红树蚬的外套腔内，尤其在冬、春季节，寄居率几乎达100%。凡有豆蟹寄居的个体肉质部较消瘦。

七、香港牡蛎

1. 价值

香港牡蛎俗称大蚝，肉味鲜美，营养价值高，有"海中牛奶"之称。牡蛎干肉含蛋白质45%～57%、脂肪7%～10%、肝糖原19%～38%，还含有丰富的维生素及微量元素。牡蛎肉可鲜食或制干品——蚝鼓，也可加工成罐头。蚝汤可浓缩制成"蚝油"。贝壳可烧制石灰，贝壳粉可作为中药或饵料的原料。

2. 形态特征

香港牡蛎贝壳大型，质坚厚。体形多变化，有圆形、卵圆形、三角形和长方形等。右壳略扁平，表面环生薄而平直的鳞片，低龄贝的鳞片平、薄、脆，高龄贝的鳞片层层相叠，坚厚如石。左壳较右壳厚、大，鳞片少。壳面有灰、青、紫、棕黄等颜色。壳内面白色，边缘为灰紫色。韧带长而阔，紫黑色。闭壳肌痕大，一般为卵圆形或肾脏形，位于中部背侧。

3. 地理分布

香港牡蛎分布于中国沿海河口附近的低盐区，在日本也有分布。

4.生态习性

1）栖息：香港牡蛎栖息于河口附近盐度较低的浅水区域，附着在礁石等硬相底质上营固着生活。广温广盐性，在水温3～34℃和盐度5～30的海水环境中均可生存。香港牡蛎生长的快慢决定于其生活海区的环境条件，在水温和比重适宜、水流畅通、有江河淡水流入、饵料丰富、露空时间短的海区长得好、长得快；反之，其生长速度就慢，养殖周期长。

2）食性：滤食性。饵料主要是海中的浮游单细胞藻类和有机碎屑，随着季节的变化，海水中的饵料成分是不同的。一般在水温10～25℃时摄食旺盛，在繁殖期摄食强度减弱。

3）性别和繁殖季节：香港牡蛎经过1年附着生长后就可达到性成熟，具有繁殖能力。它的性别很不稳定，一般雌雄异体，也有雌雄同体的，还会发生性别转换现象。雌雄生殖腺均为乳白色，分布在胃的周围。香港牡蛎繁殖季节为5～8月，繁殖方式为卵生型，精子和卵子通过生殖孔排出体外，在海水中受精发育，当水温、比重适宜时发育速度快，否则即慢。卵受精1d后，变成大约70μm的D型幼体，浮游于水中靠自身卵黄生活，以后逐渐以摄食浮游生物为主。14～18d后长至500μm以上，附着于贝壳、石块、水泥柱、竹木等硬相底质上。

4）敌害动物：香港牡蛎生物性敌害主要有三类：直接捕食牡蛎的动物有青蟹、荔枝螺、脉红螺等；与牡蛎在相同的生态环境和生活空间竞争的动物有藤壶、海鞘、苔藓虫等；寄生于牡蛎体表危害的动物有豆蟹、寄生桡足类等。因此，在日常巡回管理中要及时清除这些生物性敌害动物。

八、泥　蚶

1. 价值

泥蚶肉味鲜美，可鲜食或酒渍，亦可制成干品。干品蚶肉含有23%的蛋白质，人体所必需的烟酸和组氨酸等氨基酸及维生素B_{12}、铁、钴的含量均很高。壳可入药，有消血块和化痰积的功效。泥蚶所含有的特殊成分——牛磺酸和甜菜碱，对酒后的肝脏解毒非常有效。

2. 形态特征

泥蚶贝壳极坚硬，卵圆形，两壳相等，相当膨胀。背部两端略呈钝角。壳顶突出，向内卷曲，位置偏前方，两壳顶间的距离远。放射肋粗壮，有18～22条，肋上具明显的结节，呈瓦垄形。壳表白色，被褐色壳皮。壳内面灰白色。边缘具有与壳面放射肋相应的深沟。铰合部直，齿细密。前闭壳肌痕小，呈三角形，后闭壳肌痕大，四方形。泥蚶血液中含有血红素，呈红色，因而又被称为血蚶。

3. 地理分布

泥蚶广泛分布于印度洋—西太平洋地区，中国沿海各地也均有分布。河北、山东、浙江、福建、广东等地均进行人工养殖，产量颇丰。世界泥蚶产量主要来自东南亚沿海国家。

4. 生态习性

1）栖息：栖息于有淡水注入的内湾及河口附近的滩涂，在中、低潮区的交汇处数量最多，埋居在软泥滩涂中，无水管，仅以壳后缘在滩涂表面形成水孔与外界相通。泥蚶可耐受水温为0～35℃，适应的盐度为10～28.8。

2）食性：泥蚶为滤食性贝类，以硅藻类和有机碎屑为食。

3）性别和繁殖季节：雌雄异体，繁殖季节一般为7～9月。

九、青　蛤

1. 价值

青蛤肉不但味道鲜美，而且营养丰富，是脍炙人口的营养美食。青蛤肉不仅是上乘佳肴，而且还可入药。青蛤肉中含有许多对人体有益的无机元素，常量元素和钙、钾、磷等含量较高，微量元素中以铁的含量最高，达194.257mg/g；青蛤肉具有开胃增欲、滋润五脏、止渴解烦、软坚散肿等功能；壳具有清热化痰、软坚散结、制酸止痛等功效。

2. 形态特征

青蛤贝壳近圆形，壳面极突出，宽度为高度的2/3。壳顶突出，尖端向前方弯曲。无小月面，盾面狭长。贝壳表面无放射肋，有生长轮脉（顶端细密不显著，至腹面渐次变粗，突出壳面）。韧带黄褐色，不突出壳面。壳表面淡黄色、棕红色或黑紫色。壳内面为白色或淡红色，边缘呈淡紫色，有整齐的小齿，靠近背缘的小齿稀而大，左右两壳各具主齿3枚。

3. 地理分布

青蛤在朝鲜、日本、中国沿海均有分布。

4. 生态习性

1）栖息：青蛤栖息于近海砂泥或泥砂质的潮间带，以高潮区的中、下部为多，营埋栖生活。埋栖深度与个体大小、季节及底质有关，肉眼可见的幼苗仅埋栖在表层0.5cm以内，2～3龄的可达6～8cm，大的个体甚至深达15cm。炎夏或隆冬则栖息较深。含砂量较大的底质，埋栖较浅。青蛤的水管较长，伸展时是体长的2～3倍。退潮后，滩面上只有一个椭圆形小孔。青蛤耐受水温为0～30℃，最适水温为22～30℃；适宜的海水比重为1.013～1.024。

2）食性：青蛤为滤食性贝类，其饵料以硅藻为主，主要有新月菱形藻、圆筛藻、直链藻、曲舟藻和三角藻等。此外，还有大量的有机碎屑和桡足类残肢。

3）性别和繁殖季节：青蛤为雌雄异体，1龄成熟。性成熟时，雌性性腺为粉红色，雄性为淡黄色。繁殖期因地而异，江苏为6月到9月上中旬，以7～8月为盛期

（水温25～28℃）；福建南部地区，繁殖季节从9月中旬开始延续至11月初，而以"秋分"至"寒露"为盛期。繁殖方式为卵生型，壳长3.5～4.0cm的亲贝，一次成熟怀卵量为4万～7万粒。在水温26.5℃条件下，受精卵经过16h可发育到D形幼虫。受精后约11d便可附着变态成稚贝。

4）耐干能力：壳长0.1～0.5cm的青蛤幼苗在平均气温为14℃时，离水24h开始死亡，50h死亡率达70%。气温25℃时，壳长1.5cm的蛤苗耐干达2d。

5）敌害动物：除害是提高产量的关键措施之一，对侵食青蛤的敌害生物，平时要加强捕捉。章鱼昼伏夜出，可用灯光诱捕。对凸壳肌蛤和浒苔，可在它们繁殖前经常用耙子耙动滩面，以减少其附着蔓生。

十、拟穴青蟹

1. 价值

拟穴青蟹肉质细嫩、味道鲜美、营养丰富，为宴席名菜。不但具有很高的食用价值，具滋补强身之功效，而且还可入药，治小儿疝气、利水消肿、产后腹痛、乳汁不足。

2. 形态特征

拟穴青蟹头胸甲略呈椭圆形，表面光滑，中央稍隆起，分区不明显。甲面及附肢呈青绿色。背面胃区与心区之间有明显的"H"形凹痕，额具4个突出的三角形齿，较内眼窝突出，前侧缘有9枚中等大小的齿，末齿小而锐突出，指向前方。螯足壮大，两螯不对称，掌节肿胀而光滑，雄性个体尤为肿胀。前三对步足指节的前、后缘具短毛，末对步足的前节与指节扁平桨状，适于游泳。雌蟹腹脐圆形，雄蟹腹脐为三角形。

3. 地理分布

拟穴青蟹广泛分布于热带和亚热带印度洋—太平洋沿岸从高潮区至水深40m左右的海区，东南亚国家、澳大利亚、日本、印度、南非和我国浙江、福建、台湾、广东、广西、海南等沿海地区均产。其喜栖息在岛屿周围和港湾岩缝及浅海、滩涂、红树林沼泽地、围垦区、河口的泥滩。

4. 生态习性

1）栖息：拟穴青蟹栖息在河口、内湾潮间带的泥滩或泥沙滩上，喜停留在滩涂水洼及岩石缝等处，一般是穴居或隐居生活。白天多龟缩穴居，夜间四处觅食。拟穴青蟹生存水温为5～39℃，适宜生长水温为15～31℃，最适水温为18～25℃，15℃

以下时，生长明显减慢，当水温降至7～8.5℃时，停止摄食与活动，进入休眠与穴居状态。当水温稳定在18℃以上时，雌蟹开始产卵，幼蟹频频脱壳长大，当水温升至37℃以上时，拟穴青蟹不摄食，当水温升至39℃时，拟穴青蟹背甲出现灰红斑点，身体逐渐衰老死亡。拟穴青蟹对盐度的适应范围较广，生存盐度为2.6～55，适应盐度为5～33，最适盐度为12.8～26。在适宜盐度范围内，低盐度更有利于青蟹的蜕皮生长，当盐度降到5以下时，常打洞穴居。适宜拟穴青蟹生长的pH为7.1～8.7，海水溶解氧阈值为1.2mg/L。

2）食性：拟穴青蟹属杂食性，不同生长阶段的食性有所差异。幼蟹偏于杂食性，个体愈大愈趋向肉食性。食物组成中以软体动物和小型甲壳动物为主，也常以滩涂蠕虫、小鱼、植物的茎叶碎片为食。人工养殖的拟穴青蟹，对饵料无严格的选择，小型贝类、小杂鱼、虾、豆饼、花生饼均可食。拟穴青蟹有互相残杀的习性，常捕食刚脱壳的软壳蟹。

3）生长：拟穴青蟹的生长是不连续的，蜕壳是其生长的标志，蜕壳前后的体形、体重等特征差异很大。拟穴青蟹一生共蜕壳13次（包括幼体变态蜕壳6次、生长蜕壳6次、生殖蜕壳1次），幼蟹平均约4d脱1次壳，以后脱壳时间逐渐延长，两个月之后，要间隔1个多月才蜕壳1次，从第一期幼蟹到第10期幼蟹的生长需百余天。刚蜕壳的蟹体呈柔软状态，称"软壳蟹"，横卧在水底大量吸收水分，使身体舒张开来，一般6～7h开始变硬，在18～19h个体显著扩大、增重。蜕壳后，壳长增加30%～40%，体重增加70%～100%。在正常情况下，经3～4d新壳才能完全硬化。

4）性别和繁殖季节：拟穴青蟹雌雄异体，雌、雄比近1：1。性成熟年龄为雄性5月龄，雌性6月龄。生殖方式为卵生型，抱卵量与雌蟹体重呈正相关，100万～300万粒。雌蟹一次交配，多次产卵，沉性兼黏性卵，一次产卵后到下次性成熟最短需40d左右。繁殖季节为3～10月。

5）耐干能力：拟穴青蟹耐干能力较强，离水后只要鳃腔里存有少量水分，鳃丝湿润，18～25℃下可存活数天至数十天。

第五节　苗种供给

一、苗种需求及来源

依据红树林地埋管道养殖系统的场地条件、养殖方式和养殖设施，各养殖物种的放苗季节和苗种规格会有所不同，广西北部湾红树林区苗种需求及来源见表5-4。

表5-4　苗种需求及来源

序号	物种名	放苗季节	苗种规格	苗种来源
1	中华乌塘鳢	春、秋	大苗（25g/尾以上）	人工繁育
2	杂食豆齿鳗	春、秋	大苗（50g/尾以上）	天然采捕
3	弹涂鱼	夏、秋	小苗	天然采捕
4	大弹涂鱼	秋	小苗	人工繁育
5	可口革囊星虫	四季	小苗	天然采捕
6	红树蚬	四季	小苗	天然采捕
7	香港牡蛎	春、秋	小苗（苗柱）、大苗	采天然苗、中培
8	泥蚶	春	大苗	人工繁育、中培
9	青蛤	春	大苗	人工繁育、中培
10	拟穴青蟹	春、夏、秋	小苗（斗蟹）、大苗	人工繁育、中培

1）中华乌塘鳢：人工育苗已实现商业化生产供应，市场可提供小、中和大规格的苗种，但开春季节一般无大苗供应。在地埋管道内养殖，一般养殖春秋2造，单造养殖周期3～4个月。

2）杂食豆齿鳗：收集渔民天然采捕尚不达商品规格之渔获，量少。在地埋管道管道内养殖，一般养殖春秋2造，单造养殖周期3～4个月。

3）弹涂鱼：夏、秋季采捕天然苗种，已实现小规模商业化，市场可提供。市场有苗，价格合适就适量投苗，在红树林内偏泥质滩地开放养殖，常年收获（抓大留小）。

4）大弹涂鱼：人工育苗已实现商业化生产供应，市场可提供小、中规格的苗种。秋季投放小苗，在红树林内偏泥质滩地开放养殖，常年收获（抓大留小）。

5）可口革囊星虫：收集渔民天然采捕尚不达商品规格之渔获，量少。市场有苗，价格合适就适量投苗，在红树林内滩涂开放养殖。

6）红树蚬：收集渔民天然采捕尚不达商品规格之渔获，已实现小规模商业化，市场可提供。市场有苗，价格合适就适量投苗，在红树林内滩涂开放养殖。

7）香港牡蛎：商业化大规模的人工采集天然苗及中培，市场可提供小、中、大各种规格的苗种。春季潮沟插苗柱（小苗）养殖，秋季管网窗口吊养大苗。

8）泥蚶：人工育苗已实现商业化生产供应，市场可提供小、中、大规格的苗种。春季投放大苗，在红树林内偏泥质滩地开放养殖。

9）青蛤：人工育苗已实现商业化生产供应，市场可提供小、中、大规格的苗种。春季投放大苗，在红树林海向林缘及林外滩涂开放养殖。

10）拟穴青蟹：人工育苗已实现商业化生产供应，市场可提供小（斗蟹）和中

（扣蟹）规格的苗种。春夏秋季投小苗（斗蟹）于红树林林下滩面开放养殖，常年笼捕壳长4cm左右的大苗移入蟹舍养殖。

二、中华乌塘鳢苗种越冬技术要点

1. 生产计划

根据越冬池塘的场地条件和地埋管道养殖系统的养殖规模，制订中华乌塘鳢苗种越冬生产计划。红树林地埋管道养殖系统养殖中华乌塘鳢，宜在清明节前后放大苗，苗种规格为30g/尾左右，每个养殖窗口需放苗约500尾，按鱼苗越冬成活率80%计算越冬养殖规模。

2. 越冬池塘

1）位置：背风向阳，有淡水水源，交通便利，电力供应充足，江河入海交汇的河岸边最佳。

2）规格：以面积1～3亩、长方形、水深1.6～2.5m为宜。

3）条件：可自然纳潮，有独立的进排水设施，可以将池塘内的水排干；池堤坚固，池底平坦，泥沙底质，不渗漏；离池堤2m左右挖有宽2m、深0.5m左右的环沟；每口池塘配备水车式增氧机1～2台、抽水机1台；预设用于搭建温棚的桩架。

3. 放苗前准备

1）投放鱼巢：在沟底、池底四周投放人工鱼巢，鱼巢应体积小、数量多、界面光滑，以利鱼分散栖息、减少残食。人工鱼巢用PVC管制作，既廉价又制作方便，内径110mm、长50cm左右，每亩投200～300个。人工鱼巢的放置应防止鱼巢口埋入泥里，避免淤泥堵塞。

2）清塘消毒：排干池水晒塘1周以上，放苗前15d每亩12kg漂白粉用水溶解后干池泼洒消毒。3d～5d后进水，进水口用80～100目筛绢网过滤，进水80cm深左右，每亩用20kg茶粕经水浸泡24h后全池泼洒，以杀死野杂鱼。

3）肥水：泼洒茶粕3～5d后，选择晴天，每亩投施50kg发酵有机肥，之后3～5d待池水浮游生物大量繁殖，水色呈黄绿色或茶褐色，池水透明度25～30cm时即可投放鱼苗。

4. 鱼苗投放

1）规格：需综合考虑价格、运输、越冬池塘的保温条件等，以体长3～5cm为宜。应选择规格整齐、体壮无病、游动灵敏的鱼苗。

2）驯化：依据越冬池塘海水的盐度预先安排育苗场进行盐度驯化，出苗池塘水盐度与越冬池塘海水盐度之差应小于2。

3）运输：泡沫箱装塑料薄膜袋，带水充氧保温运输，容量为10L的薄膜袋内装新鲜海水2/5、充氧气2/5，每袋可装体长3～5cm的鱼苗300～500尾。若气温高于27℃，泡沫箱内可放入少量冰块保温。

4）投放：放苗前鱼苗用10ppm高锰酸钾溶液浸洗5～10min，每亩可投放鱼苗8000～12 000尾。

5. 养殖管理

1）投饵管理：体长4cm以下的鱼苗，投喂鳗鱼黑仔料，每天投喂一次，投饵量按每万尾鱼苗投喂鳗鱼黑仔料600～800g计算，化水后均匀泼洒。体长4～5cm的鱼苗，投喂鳗鱼料拌新鲜杂鱼糜，饵料放入饵料罾投喂，一日多次，投喂量以30min内吃完计算。体长6～8cm的鱼苗，新鲜杂鱼用绞肉机绞碎后投喂，体长9cm以上的鱼苗，投喂刀砍新鲜杂鱼块，饵料放入饵料罾投喂，一日2次，早晚各1次，投喂量以1h内吃完计算。体长10cm以上的鱼苗，可适当投喂新鲜的野杂虾蟹贝等。

2）水质管理：放苗后每天纳潮注入10～15cm新鲜海水，逐步加到池塘水深1.5m以上，进水口用80～100目筛绢网过滤。水位达到1.5m后，每2d换水20cm左右。当纳潮海水盐度大于25时，要同步注入淡水，调节池水盐度在20以下。气温较低时，适当增加池水深度，减少换水次数和换水量。夜晚开增氧机，维持池水溶解氧在4.5mg/L以上。池水透明度大于30cm时应补施生物有机肥，使之保持在20～30cm。用生石灰或碳酸钙调节池水的pH，养殖过程中pH保持在7.5～8.3，每月泼洒一次30ppm沸石粉改良底质环境。

3）鱼巢清淤：每两个月清理一次鱼巢内积聚的残饵、粪便和淤泥，用25ppm高锰酸钾溶液浸泡2h来消毒鱼巢。鱼巢清淤操作尽量避免鱼体机械损伤，预防并发细菌感染。

4）池水保温：进入冬季后在夜间气温下降到16℃以下时，要及时搭建温棚保温。温棚棚顶要离池底水面高2m左右，利于池塘日常管理。低温期间减少换水量，晴天中午温棚每天通风透气3～4h，晚间开增氧机保证池水有充足氧气供给。寒潮来临前，把水位蓄至最高水位，如果天气持续寒冷，则停止换水。

5）病害防治：每半个月用0.4～0.5ppm二氧化氯全池泼洒1次，2d后用EM活菌全池泼洒1次。中华乌塘鳢常见的病虫害有赤皮病、皮肤溃疡病、肠炎和鱼虱等。每天投喂后，观察饵料罾中的鱼苗体表，特别是鱼苗突然摄食不积极时应仔细观察，发现问题应及时采取针对性的治疗措施。

6）浒苔清理：冬季过后，水温升至15℃以上时易暴发浒苔，池塘暴发浒苔后鱼苗死亡率极高，春节前后池塘内有少量浒苔时应及时清理捞出，同时泼洒EM活菌，严防浒苔暴发。

7）日常巡查：每日巡池检查，观察鱼苗的活动、摄食情况、有无病害，如发现鱼活动异常，应立即起捕检查,诊断、确定所患疾病并及时治疗；检查池塘的水位、堤坝、进排水设施、闸板、闸网等是否受损，防止鱼逃跑；检查增氧机等工作状况，确保正常运行。每日监测池塘水质变化情况，监测指标包括水温、盐度、pH、溶解氧、铵盐、硫化物等，发现问题及时采取有效的相应措施解决。

6. 收获

清明节前后，根据地埋管道养殖系统的准备情况确定收获时间和方式，既可放水清塘人工捕捉全部收获，也可捞取鱼巢捕捉、采用饵料罾诱捕和安置虾蛄网捕捉等部分收获，依具体情况而定。收获过程中应尽量减少对鱼体的机械损伤。

第六章
地埋管道原位生态养殖系统的运行管理

地埋管道系统的运行管理，是在保护与恢复红树林的基础上，在建好的地埋管道系统上进行底栖鱼类、青蟹等的养殖和底栖贝类、革囊星虫增殖等经济活动，以一定的经济效益产出促进红树林的保护及恢复，使红树林生态系统达到保护与可持续利用的平衡点。

第一节　底栖鱼类养殖

底栖鱼类主要的养殖种类有中华乌塘鳢（*Bostrychus sinensis*）和杂食豆齿鳗（*Pisodonophis boro*）等，以在地埋管道系统中养殖中华乌塘鳢为例。

一、放养前准备

仔细检查管网系统各连接处的牢固程度，铺设好养殖窗口的盖网和拧紧交换管顶部的封盖。

放苗前，在退潮时用浓度为20～30g/m³（按管网系统内总水量计算）的茶麸水灌、泼洒到管网系统内部（包括管网及养殖窗口）以毒杀进入管网系统的天然野生肉性食鱼类。之后，用蓄水塘的水反复冲洗管网系统，以排除残留在管网系统内的茶麸水，冲洗后5～7d可以投放鱼苗。

二、苗种选择与运输

（一）苗种选择

小规模的地埋管道系统，以选择在红树林区域收集的天然苗种为好；较大规模的管网系统，由于天然苗种很难满足需求，宜采用经过中培的人工苗种。苗种规格以20～30g/尾为宜。

（二）苗种运输

使用专门设计用来运输中华乌塘鳢鱼苗和商品鱼的泡沫托箱运输。容量为3～4kg/托，鱼苗离水运输，运输期间要保持鱼苗的湿润，运输应尽可能地避开高温时段（图6-1）。

图6-1　中华乌塘鳢苗种的运输

三、养殖管理

（一）鱼苗放养

1. 放养密度

按养殖窗口的面积计，放苗量控制在80～120尾/m²，鱼苗规格为20～30g/尾。

2. 放养方法

鱼苗放养在退潮时进行。最好选择一个天气较为阴凉的日子。鱼苗在放养之前，先用淡水浸泡10～15min。鱼苗通过养殖窗口放入地埋管道养殖系统（图6-2）。

图6-2　中华乌塘鳢鱼苗的放养

（二）饵料与投喂

1. 饵料要求

饵料主要使用新鲜或冰冻的小杂鱼。大批量购入的冰冻小杂鱼必须在–18℃以下温度的冷柜里贮存，解冻后才能投喂。在养殖高温期或病害多发期，饵料投放前添加能提高鱼苗免疫功能的生物制剂，以增强鱼苗的抗病力。

2. 投饵管理

养成期间的投饵管理见表6-1。

表6-1　地埋管道系统中华乌塘鳢养殖饵料投喂

鱼苗生长阶段	投饵率	投喂方式
鱼苗体重<50g/尾	鱼体重的3%～5%	用刀剁碎成小块投喂，每天1次
鱼苗体重50～80g/尾	鱼体重的5%～8%	用刀剁碎成小块投喂，每2天1次
鱼苗体重>80g/尾	鱼体重的8%～12%	用刀剁成较大的块状投喂，每2天1次

投喂在退潮后，通过养殖窗口进行（图6-3）。具体投喂次数、投喂时间和投喂量依据具体情况可有所变动。

图6-3　中华乌塘鳢养殖饵料投喂

（三）日常管理

中华乌塘鳢养殖过程中的日常管理主要包括以下几个方面。

1）水质管理：在退潮时进行，根据天气、水温及管网系统中溶解氧及铵盐等的变化情况，适当调节蓄水塘引入管网系统的水流大小，以维持鱼的正常生长。

2）定期对养殖窗口进行清洁及清淤（图6-4）。

图6-4　养殖窗口清洗及清淤

3）检查饵料台鱼的摄食状况，及时调整投喂量，并做好记录。

4）经常检查管网系统各连接处及交换管封盖和养殖窗口盖板的牢固程度，防止鱼苗逃逸。

5）经常观察鱼的活动情况，发现异常鱼或病鱼、死鱼，要及时做好记录并捞出深埋，查清原因，采取相应防治措施。

6）定期检测各养殖窗口水温、盐度、pH、溶解氧、铵盐等水质指标，并做好记录（图6-5）。

图6-5　养殖窗口水质监测

（四）病害防治

中华乌塘鳢养殖期间常见的病虫害主要是海蛭（*Pontobdella* sp.）寄生和肠炎。

海蛭寄生主要是在海水盐度较高时容易发生，当发现鱼体上吸附有海蛭时，在纳潮生态混养池塘中加入淡水，使盐度降到10以下，退潮时，蓄水塘里较淡的海水进入管网系统，就会刺激海蛭脱离鱼体。

　　肠炎是在高温期多发的鱼病，主要以预防为主。一般在养殖高温期，定期（每隔5～10d）在饵料里加入兽用恩诺沙星等抗生素进行预防，加入量为50mg/kg饵料，连用3次。

<h2 style="text-align:center">四、收　　获</h2>

　　中华乌塘鳢生长到100g/尾以上时，就可收获上市。视市场需求量、鱼的生长情况等，可采取捕大留小分批上市，减少地埋管道养殖系统内鱼的密度，以利小规格鱼的生长。

　　收获在退潮时进行。关闭纳潮生态混养池塘引入地埋管道养殖系统的输水阀门，打开养殖窗口盖网，用抽水机抽干养殖窗口里的海水。此时，再打开输水阀门，把管道中的鱼冲入养殖窗口。再抽干养殖窗口中的海水，捕捉成品鱼上市即可。

<h1 style="text-align:center">第二节　拟穴青蟹养殖</h1>

<h2 style="text-align:center">一、苗种选择与运输</h2>

（一）苗种选择

　　小规模的养殖，以选择在红树林区域收集的天然苗种为好；较大规模的养殖，由于天然苗种很难满足需求，宜采用经过中培的人工苗种。苗种规格以20～30g/个为宜（图6-6）。

图6-6　拟穴青蟹苗种选择

（二）苗种运输

　　蟹苗离水运输，运输期间要保持蟹苗的湿润，运输应尽可能地避开高温时段。

二、养 殖 管 理

（一）蟹苗放养

1.放养密度

每个蟹舍放养蟹苗1个（图6-7）。

图6-7 拟穴青蟹苗种放养

2.放养方法

蟹苗放养在退潮时进行。最好选择一个天气较为阴凉的日子。蟹苗在放养之前，先用海水浸泡10～15min，浸泡期间加入恩诺沙星等抗生素进行杀菌消毒，加入浓度为1mg/L。

（二）饵料与投喂

1.饵料要求

饵料主要使用新鲜或冰冻的小杂鱼。大批量购入的冰冻小杂鱼必须在–18℃以下温度的冷柜里贮存，解冻后才能投喂。

2.投饵管理

养殖期间的投饵管理见表6-2。

表6-2　地埋管道系统拟穴青蟹养殖饵料投喂

蟹苗生长阶段	投饵率	投喂方式
蟹苗体重<50g/个	蟹体重的10%~15%	直接投喂，每天1次
蟹苗体重50~150g/个	蟹体重的8%~10%	直接投喂，每2天1次
蟹体重>150g/个	蟹体重的6%~8%	直接投喂，每2天1次

投喂在退潮后进行（图6-8）。具体投喂次数、投喂时间和投喂量依据具体情况可有所变动。

图6-8　拟穴青蟹养殖饵料投喂

（三）日常管理

拟穴青蟹养殖过程的日常管理主要包括以下几个方面。

1）定期检测蟹笼内的水温、盐度、pH、溶解氧、铵盐等水质指标，并做好记录。

2）检查摄食状况，及时调整投喂量，并做好记录。

3）经常检查蟹笼盖板的牢固程度，防止蟹逃逸。

4）经常观察蟹的活动情况，发现异常蟹或病蟹、死蟹，要及时捞出，查清原因后深埋，并采取相应防治措施。

三、收　获

拟穴青蟹生长到250g/个以上时，即可收获上市。视市场需求量、蟹的生长情况等，可采取捕大留小分批上市。

第三节　经济动物增殖

在建设好的地埋管道系统区域，选择合适的滩涂位置进行经济贝类、星虫的增殖。经济贝类主要是泥蚶（*Tegillarca granosa*）、红树蚬（*Polymesoda erosa*）等，星虫为可口革囊星虫（*Phasolosma esculenta*）。

一、增殖场地选择

可口革囊星虫增殖场地，宜选择在次生红树林区光滩或红树林宜林光滩进行，以地势较高、泥质较紧实的泥沙质区域较好。

贝类增殖场地，宜选择在次生红树林区光滩或红树林宜林光滩进行，以地势较低、退潮后还有少量海水淹没、泥质较稀松的泥沙质区域较好。

二、苗种投放

可口革囊星虫和红树蚬的苗种主要是收购天然的小苗；泥蚶苗种除收购天然苗种外，也可采用人工培育的苗种；中国鲎采用人工培育的苗种。

苗种投放密度，可口革囊星虫、红树蚬和泥蚶都是以10～20条（粒）/m² 为宜。

苗种的投放，可口革囊星虫、红树蚬和泥蚶宜于较阴凉的天气，即将涨潮前播撒于滩涂表面。

第四节　红树林恢复及次生林改造和管护

在建设地埋管道系统的同时，必须对地埋管道系统周边的光滩及次生红树林进行恢复和次生林改造，模拟自然状态下的块状混交方式，以形成复杂多样、功能稳定的多层次林分结构，提升红树林生态系统的生态功能，达到经济效益与保护恢复相互促进的目的。

一、红树林恢复及次生林改造的模式

造林是红树林生态系统恢复的重要途径。按照滩涂属性和植被状态，造林可分为无林裸滩造林、低效次生林改造、困难立地岩滩造林、废弃养殖池塘造林等，相应恢复措施采取的造林模式有新建造林、修复造林和特种造林。

新建造林是在无林滩涂或者迹地上进行的红树林造林，在一定程度上可称为光滩造林。

修复造林是在现有红树林群落引入目的树种以优化群落，提升和完善群落结构与功能的造林活动，包括低效次生林改造造林和稀疏林地补植造林。

特种造林是指在特殊生境中的造林活动。因造林生境不能满足造林树种生长的要求，需要进行生境的工程改造。困难立地岩滩造林、废弃养殖池塘造林、护堤工程造林均属于特种造林。

二、红树林恢复及次生林改造的做法

（一）整地

1. 次生林修复

基于原有疏残次生林形成的林窗或林隙，引入修复树种，提高疏残次生林的个体密度、覆盖度和多样性。对林间空隙滩涂进行平整。

2. 宜林光滩红树林恢复

与地埋管道系统施工同时进行，养殖系统埋设完毕后对滩涂进行整平、开挖潮沟等。

3. 外来物种滩涂的整治与红树林恢复

与地埋管道系统施工同时进行，按照生态修复目标要求清除滩涂上的有害外来物种，清除完毕后对滩涂进行整平、开挖潮沟等。

（二）树种选择

目前红树林修复与恢复所用的树种主要有秋茄（*Kandelia obovata*）、木榄（*Bruguiera gymnorrhiza*）、海莲（*Bruguiera sexangula*）、红树（*Rhizophora apiculata*）和红海榄（*Rhizophora stylosa*）等，应根据保育区地理位置、地形、滩涂状况（主要是高程）、地区年均气温等因素选择适当的树种。

（三）造林密度

造林密度大小与树种选择、造林类型、造林方法有关。原则上速生树种的造林密度低，如无瓣海桑、拉关木、红海榄等株距以3m或2m为宜；慢生树种造林密度高，如秋茄、木榄等株距以2m或1m为宜；乔木树种造林密度低，株距一般以2m为宜；灌木树种造林密度高，株距一般以1m为宜；植苗造林密度低，株距一般以1～2m为宜；胚轴插植造林密度高，株距一般以0.5m为宜。

（四）造林方法

1. 胚轴插植造林

（1）胚轴预处理

红树植物胚轴运至恢复区后需要进行消毒和促进发芽的预处理。消毒处理主要是针对种子或胚轴可能附带的害虫、真菌及其他有害生物用化学药剂进行毒杀，防止红树植物附带有害生物的危害。对部分种子或胚轴的催芽处理可以促进红树植物出芽成苗。

（2）插植胚轴

按照造林密度的要求拉一条测绳，按照测绳的标记插植红树胚轴。直接插入淤泥会损伤胚轴，因此先用竹筷插入滩涂形成一个孔洞，再将胚轴插入孔洞，深度约为胚轴长度的1/3～1/2，最后压实固定好胚轴。

2. 容器苗移植造林

（1）挖穴整地

按照造林密度的要求挖穴整地。树穴规格为20cm×20cm×20cm。

（2）容器苗运输

采用船运的方式，在高潮时将容器苗运至次生林处。容器苗搬运时要求轻拿轻放，只能托住育苗袋，不能拉拽容器苗茎叶，以防止根部泥土掉落和根系损伤。

（3）种植

容器苗运至指定区域后，去除外层的育苗袋，放置在挖好的树穴内，扶正后填入泥土并压实。若滩涂底质太软，幼苗植株不能直立，需在旁边插入竹竿并将幼苗植株固定在竹竿上。

（五）抚育

1. 补植

补植可以提高造林的成活率和保存率，当造林成活率低于90%及保存率低于80%时均要进行补植。补植前应先清除死亡的红树林植株，按照胚轴插植造林和容器苗移植造林的实施方法进行补植。

2. 施肥

合理施肥可明显促进红树植物幼苗的生长。胚轴插植造林不需要基肥，在实施造林后2～3年开始，每年的春季（4月）和秋季（10月）各追肥1次，肥料为复合缓释肥，把装入复合肥的布袋埋入植株根围15cm范围内10cm滩面下，每株幼苗复合肥用量在15g左右，布袋为以易降解的麻布缝制而成，规格为10cm×5cm。

容器苗移植造林及大苗移植造林在移植前需要施基肥。基肥为复合缓释肥，把装入复合肥的布袋放入挖好的树穴再移植红树林幼苗，每株幼苗复合肥用量在15g左右。在造林后2~3年开始，每年的春季（4月）和秋季（10月）各追肥1次，用法和用量同上。

（六）红树林有害生物及防治对策

1）及时清除藤壶等污损生物。

2）寻找并破坏鼠洞，放置捕鼠设施，防止鼠类啃食破坏红树林幼苗。

3）及时清除浒苔等藻类。

第七章
地埋管道原位生态养殖系统的
内部环境特征

　　本章对地埋管道原位生态养殖系统的生物、理化等环境要素特征及生物群落的结构特征进行调查监测。调查结果显示，地埋管道系统内部水体温度波动范围较小，更有利于养殖，系统内部水体铵盐浓度略高，但基本符合第一、二类海水水质标准，系统内部水体溶解氧浓度低于外部环境；地埋管道系统内部生物丰度有所变化，但群落结构未发生显著变化，生物多样性水平适中。总体来说，地埋管道系统内部环境与外部环境相比，大部分指标差异不大。本研究是为确保红树林原位生态养殖系统的优化和运行符合科学机制，为该系统完善和推广应用提供科学依据。

第一节　地埋管道系统环境调查方法

一、调查区域与站位设置

　　调查区域位于地埋管道生态养殖区（图7-1），在管道养殖区系统内部选取不同窗口进行监测，同时在管道养殖区、管道未养殖区和对照区分别设置管道外部区域站位及供水池站位（表7-1）。

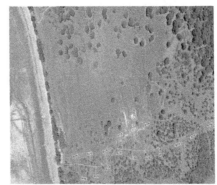

图7-1　调查监测区域图

表7-1　环境监测站位信息

内部环境站位	站位信息	外部环境站位	东经	北纬	站位信息
A4	养殖窗口	A1	108°14′1.3″	21°36′55.5″	外部监测站位
D6	养殖窗口	A2	108°14′0.5″	21°36′50.9″	外部监测站位
D9	养殖窗口201606	B1（B）	108°14′9.3″	21°37′8.1″	外部监测站位
A5	养殖窗口201610	C1	108°14′30″	21°37′10″	外部监测站位
D8	养殖窗口201704	C2	108°14′29″	21°37′5.9″	外部监测站位
B1	养殖窗口（未加鱼苗）201704	D1	108°14′29.4″	21°37′11″	供水池站位
B6	养殖窗口（未加鱼苗）201704				
B9	养殖窗口（未加鱼苗）201704				

内部环境监测站位：2016年6月调查的养殖窗口为A4、D6、D9，2016年10月调查的养殖窗口为A4、D6、A5，2017年4月调查的养殖窗口为A4、D6、D8、B1、B6、B9，其中B1、B6、B9三个窗口为未加鱼苗窗口。

外部环境监测站位：A1、A2、B1、C1、C2，由于B1站在2017年4月调查中与未加鱼苗窗口B1编号一样，故在此次调查中将外部环境监测站位号改为"B"，供水池站位为D1。

2016年6月、2016年10月和2017年4月开展地埋管道系统环境监测共3次。

二、调查项目

1）水环境参数：温度、盐度、pH、溶解氧（DO），营养盐包括亚硝酸盐（NO_2^--N）、硝酸盐（NO_3^--N）、铵盐（NH_4^+-N）、活性磷酸盐（PO_4^{3-}-P）、活性硅酸盐（SiO_3^{2-}-Si）。

2）生物参数：叶绿素a、细菌、微微型浮游生物、浮游植物、浮游动物。

三、调查技术与分析方法

现场调查采样和实验室测定按照《海洋监测规范》（GB 17378.4—2007）与《海洋调查规范》（GB/T 12763.6—2007）等规定的技术方法和标准执行。

（一）样品采集与处理

1）用有机玻璃采水器采取pH、DO、营养盐等常规海水化学样品，样品分装顺序：DO、pH、营养盐等。

2）营养盐水样经0.45mm混合纤维素滤膜抽滤后，于–20℃冷冻保存。

3）微微型浮游生物采用流式细胞仪法进行测定。

4）浮游植物分为水采浮游植物和网采浮游植物，水采浮游植物需采集海水500mL，加入碘液进行固定保存；网采浮游植物采用浅水型浮游植物网由底至表垂直拖曳，在水深较浅处可水平拖取，在样品中加入5%福尔马林溶液固定保存，回实验室进行形态鉴定分类。

5）浮游动物采用浅水型浮游动物网由底至表垂直拖曳，在水深较浅处可水平拖取，在样品中加入5%福尔马林溶液固定保存，回实验室进行形态鉴定分类。

（二）样品预处理及保存方法

样品预处理及保存方法见表7-2。

表7-2　海水化学样品预处理和保存方法

项目	预处理	保存容器	保存时间	备注
pH	不过滤	P或G	24h内分析	实验室测定
DO	氯化锰和碱性碘化钾溶液固定	G	24h内分析	实验室测定
NO_2^--N	过滤，$-20^{\circ}C$冷冻	P	7d	实验室测定
NO_3^--N	过滤，$-20^{\circ}C$冷冻	P	7d	实验室测定
NH_4^+-N	过滤，$-20^{\circ}C$冷冻	P	7d	实验室测定
PO_4^{3-}-P	过滤，$-20^{\circ}C$冷冻	P	7d	实验室测定
SiO_3^{2-}-Si	过滤，$-20^{\circ}C$冷冻	P	7d	实验室测定

注：P为聚乙烯塑料瓶；G为玻璃瓶；过滤是指用0.45mm的混合纤维素滤膜抽滤

（三）样品分析方法

海水化学样品分析方法见表7-3。

表7-3　海水化学样品分析方法

项目	分析方法	检出限
pH	pH计	0.01
DO	碘量滴定法和YSI测量	0.042mg/L
硝酸盐	锌-镉还原比色法	0.05μmol/L
亚硝酸盐	重氮-偶氮比色法	0.02μmol/L
铵盐	次溴酸盐氧化法	0.03μmol/L
磷酸盐	磷钼蓝分光光度法	0.02μmol/L
硅酸盐	硅钼蓝分光光度法	0.10μmol/L

第二节　地埋管道系统水环境特征

一、温　度

地埋管道系统内部水体温度在2016年6月（图中为201606）最高，表层温度为31.65～31.87℃，平均值为31.74℃，底层温度为31.36～31.59℃，平均值为31.47℃。地埋管道系统内部水体温度在2016年10月（图中为201610）最低，表层温度为24.61～24.79℃，平均值为24.69℃，底层温度为24.31～24.82℃，平均值为24.52℃。2017年4月（图中为201704）地埋管道系统内部水体表层温度为25.35～26.06℃，平均值为25.73℃，底层温度为24.88～25.94℃，平均值为25.48℃。表层和底层温度差异不大（图7-2）。

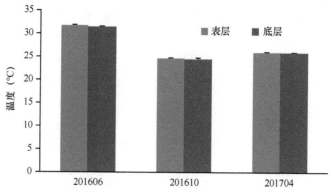

图7-2　不同时间地埋管道系统内部表层和底层水体温度

管道内部和外部温度相比，在温度较高的2016年6月和2017年4月内部明显低于外部，系统内部环境温度低于外部环境温度约2℃。而在2016年10月系统内部环境温度高于外部环境温度约0.6℃。结果表明，地埋管道系统内部环境温度波动较小（图7-3）。

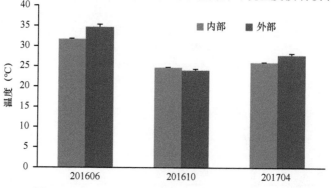

图7-3　不同时间地埋管道系统内部和外部水体温度

二、盐 度

地埋管道系统内部水体盐度在2016年6月最低，表层盐度为19.85～19.86，平均值为19.86，底层盐度为19.86～19.87，平均值为19.87。2016年10月地埋管道系统内部水体表层盐度为27.27～27.46，平均值为27.40，底层盐度为27.81～28.00，平均值为27.91。2017年4月地埋管道系统内部水体表层盐度为28.78～28.95，平均值为28.87，底层盐度为28.75～28.97，平均值为28.86。结果表明，管道系统内部水体表层和底层盐度接近（图7-4）。

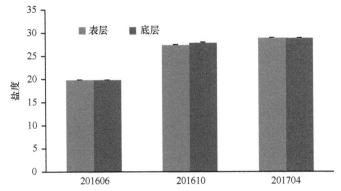

图7-4 不同时间地埋管道系统内部表层和底层水体盐度

管道内部和外部盐度相比，除了2017年4月管道系统内部水体盐度比外部水体盐度高约1，另外两个月内部水体盐度与外部水体盐度接近（图7-5）。

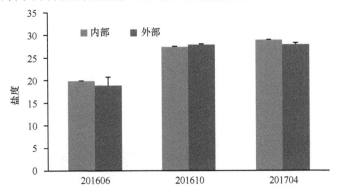

图7-5 不同时间地埋管道系统内部和外部水体盐度

三、pH

2016年6月管道系统内部水体pH为7.56～7.58，低于管道外部。2016年10月管道系统内部水体pH为7.52～7.64，平均值为7.58，与管道外部一致。2017年4月管道系统内部水体pH为7.95～8.06，平均值为8.01，略低于管道外部（图7-6）。

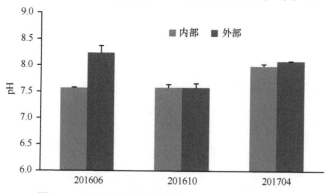

图7-6　不同时间地埋管道系统内部和外部水体pH

四、溶　解　氧

地埋管道系统内部水体溶解氧浓度在2016年6月最低，表层溶解氧浓度为1.63～2.48mg/L，平均值为2.13mg/L，底层溶解氧浓度为1.32～2.16mg/L，平均值为1.81mg/L。管道内部水体溶解氧水平低于外部水体（平均值为7.34mg/L）。2016年10月管道系统内部水体表层溶解氧浓度为3.50～4.52mg/L，平均值为4.07mg/L；底层溶解氧浓度为3.50～4.70mg/L，平均值为4.17mg/L。管道内部溶解氧水平较管道外部约降低1mg/L。2017年4月，管道系统内部水体表层溶解氧浓度为4.18～4.47mg/L，平均值为4.24mg/L；底层溶解氧浓度为3.55～3.67mg/L，平均值为3.60mg/L。管道内部溶解氧水平较管道外部约降低2mg/L（图7-7，图7-8）。在2017年4月，对管道内部未加鱼苗窗口（B1、B6和B9）水体的监测结果显示，表层水体溶解氧浓度为5.25～5.95mg/L，平均值为5.52mg/L；底层溶解氧浓度为4.25～5.18mg/L，平均值为4.66mg/L。总体来说，加入鱼苗后的管道内部（A4、D6和D8）溶解氧浓度低于未

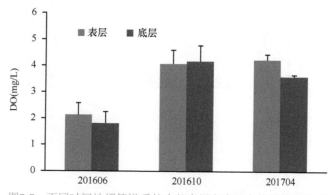

图7-7　不同时间地埋管道系统内部表层和底层水体溶解氧浓度

加鱼苗的管道。供水池（D1）表层水体溶解氧浓度为7.54mg/L，高于管道系统内部（图7-9）。

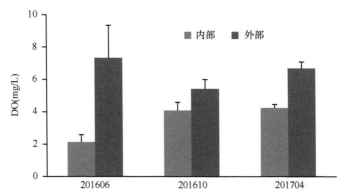

图7-8　不同时间地埋管道系统内部和外部水体溶解氧浓度

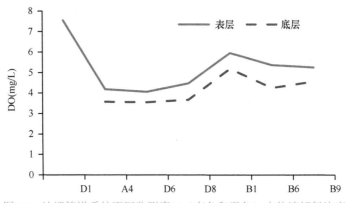

图7-9　地埋管道系统不同监测窗口（有鱼和无鱼）水体溶解氧浓度

　　总体来看，2016年6月地埋管道系统内部处于一个明显的低氧状态，在2016年10月和2017年4月，管道系统内部水体的溶解氧水平有了明显提高。

五、营　养　盐

表7-4为三次监测地埋管道系统水体营养盐的数据。

表7-4　不同时间地埋管道系统水体营养盐的监测结果（mg/L）

时间	站位	铵盐	硝酸盐	亚硝酸盐	磷酸盐	硅酸盐
201606	内部	0.110	0.091	0.022	0.012	1.360
	外部	0.058	0.022	0.001	0.010	1.870
	供水池	0.068	0.037	0.006	0.011	1.460

续表

时间	站位	铵盐	硝酸盐	亚硝酸盐	磷酸盐	硅酸盐
201610	内部	0.124	0.129	0.001	0.045	1.107
	外部	0.042	0.059	0.002	0.024	1.268
	供水池	0.117	0.065	0.001	0.028	1.220
201704	内部	0.108	0.060	0.005	0.019	0.547
	外部	0.087	0.067	0.004	0.012	0.773
	供水池	0.075	0.036	0.002	0.013	0.670

2016年6月：管道内部监测站位的营养盐中铵盐浓度为0.029～0.152mg/L，平均值为0.110mg/L；硝酸盐浓度为0.008～0.145mg/L，平均值为0.091mg/L；亚硝酸盐浓度为0.019～0.027mg/L，平均值为0.022mg/L；磷酸盐浓度为0.009～0.014mg/L，平均值为0.012mg/L；硅酸盐浓度为1.170～1.610mg/L，平均值为1.360mg/L。外部监测站位的营养盐中铵盐浓度为0.031～0.083mg/L，平均值为0.058mg/L；硝酸盐浓度为0.014～0.028mg/L，平均值为0.022mg/L；亚硝酸盐浓度为0.001～0.002mg/L，平均值为0.001mg/L；磷酸盐浓度为0.007～0.014mg/L，平均值为0.010mg/L；硅酸盐浓度为1.600～2.450mg/L，平均值为1.870mg/L。供水池站位的营养盐中铵盐浓度为0.068mg/L，硝酸盐浓度为0.037mg/L，亚硝酸盐浓度为0.006mg/L，磷酸盐浓度为0.011mg/L，硅酸盐浓度为1.460mg/L。总体来看，系统内部水体的铵盐、硝酸盐和亚硝酸盐浓度高于外部，硅酸盐浓度低于外部环境，磷酸盐浓度在内部和外部水体接近。

2016年10月：管道内部监测站位磷酸盐浓度为0.032～0.070mg/L，平均值为0.045mg/L；硝酸盐浓度为0.079～0.209mg/L，平均值为0.129mg/L；铵盐浓度为0.103～0.157mg/L，平均值为0.124mg/L；亚硝酸盐浓度为0.001～0.002mg/L，平均值为0.001mg/L；硅酸盐浓度为0.530～1.110mg/L，平均值为1.107mg/L。管道外部监测站位磷酸盐浓度为0.023～0.026mg/L，平均值为0.024mg/L；硝酸盐浓度为0.045～0.079mg/L，平均值为0.059mg/L；铵盐浓度为0.038～0.048mg/L，平均值为0.042mg/L；亚硝酸盐浓度为0.001～0.003mg/L，平均值为0.002mg/L；硅酸盐浓度为1.000～1.650mg/L，平均值为1.268mg/L。总体来说，管道内部磷酸盐、硝酸盐和铵盐浓度显著高于管道外部，分别接近后者的1.9倍、2.2倍和3.0倍；亚硝酸盐和硅酸盐浓度在管道内外基本一致。

供水池站位磷酸盐、硝酸盐、铵盐、亚硝酸盐和硅酸盐浓度分别为0.028mg/L、0.065mg/L、0.117mg/L、0.001mg/L和1.220mg/L。总体来说，磷酸盐和硝酸盐浓度接近管道外部站位，铵盐浓度接近管道内部站位，亚硝酸盐和硅酸盐浓度与管道内外基本一致。

2017年4月：管道内部监测站位磷酸盐浓度为0.013～0.020mg/L，平均值为0.019mg/L；硝酸盐浓度为0.049～0.078mg/L，平均值为0.060mg/L；铵盐浓度为0.097～0.118mg/L，平均值为0.108mg/L；亚硝酸盐浓度为0.005～0.006mg/L，平均值为0.005mg/L；硅酸盐浓度为0.510～0.620mg/L，平均值为0.547mg/L。管道外部监测站位磷酸盐浓度为0.010～0.013mg/L，平均值为0.012mg/L；硝酸盐浓度为0.054～0.080mg/L，平均值为0.067mg/L；铵盐浓度为0.083～0.101mg/L，平均值为0.087mg/L；亚硝酸盐浓度为0.003～0.006mg/L，平均值为0.004mg/L；硅酸盐浓度为0.690～0.850mg/L，平均值为0.773mg/L。总体来说，管道内部磷酸盐、铵盐浓度略高于管道外部，硅酸盐略低于管道内部；硝酸盐和亚硝酸盐浓度在管道内外基本一致。

供水池站位磷酸盐、硝酸盐、铵盐、亚硝酸盐和硅酸盐浓度分别为0.013mg/L、0.036mg/L、0.075mg/L、0.002mg/L和0.670mg/L。磷酸盐浓度接近管道外部，其余四类营养盐浓度均低于管道外部。

表7-5为地埋管道系统区域水质三次监测环境评价结果。

第三节　地埋管道系统生物群落结构特征

一、叶绿素a

2016年6月：管道系统内部水体叶绿素a浓度为0.49～1.74μg/L，平均值为1.30μg/L。管道系统外部水体叶绿素a浓度为2.01～5.01μg/L，平均值为3.55μg/L。管道系统内部水体叶绿素a平均浓度明显低于管道外部。另外，供水池（D1）水体叶绿素a浓度为1.79μg/L，略高于管道内部，而低于管道外部（图7-10）。

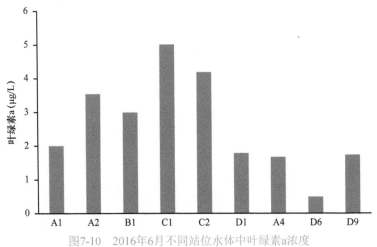

图7-10　2016年6月不同站位水体中叶绿素a浓度

表7-5　地埋管道系统区域水质环境评价

	201606			201610			201704		
	管道外部	管道内部	供水池	管道外部	管道内部	供水池	管道外部	管道内部	供水池
pH	8.07~8.42	7.56~7.58	8.15	7.45~7.65	7.52~7.64	7.74	8.08~8.09	7.95~8.06	8.19
环境状况	一类	二类	一类	二类	二类	二类	一类	一类	一类
DO（mg/L）	7.34	1.32~2.48	8.21	4.88~6.32	3.50~4.70	5.17~5.28	6.32~7.19	3.55~5.95	7.54
环境状况	一类	四类	一类	一、二类	三类	二类	一类	二、三类	一类
无机氮（mg/L）	0.059~0.100	0.056~0.324	0.111	0.117~0.140	0.211~0.356	0.210	0.124~0.193	0.167~0.194	0.216
环境状况	一类	三类	一类	一类	三类	三类	一类	一类	三类
磷酸盐（mg/L）	0.007~0.014	0.009~0.014	0.011	0.023~0.026	0.032~0.070	0.028	0.010~0.013	0.013~0.020	0.013
环境状况	一类	一类	一类	三类	三类	三类	一类	一、二类	一类
铵盐（mg/L）	0.031~0.083	0.029~0.152	0.068	0.038~0.048	0.103~0.157	0.117	0.083~0.101	0.097~0.118	0.075
环境状况	二类	二、三类	三类	三类	三类	三类	二类	二、三类	三类

2016年10月：管道系统内部水体叶绿素a浓度为0.78～2.31μg/L，平均值为1.34μg/L。管道系统外部水体叶绿素a浓度为1.50～4.02μg/L，平均值为2.39μg/L。管道内部水体叶绿素a平均浓度低于管道外部。供水池水体叶绿素a浓度为4.51μg/L，高于管道系统内部和外部（图7-11）。

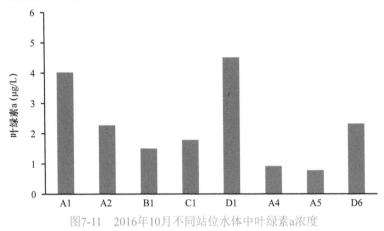

图7-11　2016年10月不同站位水体中叶绿素a浓度

2017年4月：管道系统内部水体叶绿素a浓度为0.51～1.10μg/L，平均值为0.71μg/L。管道系统外部水体叶绿素a浓度为1.27～4.26μg/L，平均值为2.71μg/L。管道系统内部水体叶绿素a平均浓度低于管道系统外部。供水池水体叶绿素a浓度为2.33μg/L（图7-12）。

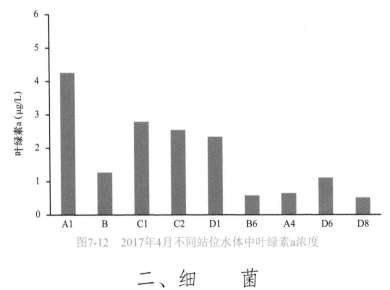

图7-12　2017年4月不同站位水体中叶绿素a浓度

二、细　　菌

利用流式细胞仪测定不同时间的地埋管道系统水体中的细菌总数。结果显示，

2016年6月细菌总数为2372～5519ind./μL，平均值为3109ind./μL；2016年10月细菌总数为726～880ind./μL，平均值为813ind./μL；2017年4月细菌总数为3402～4360ind./μL，平均值为3755ind./μL（图7-13）。

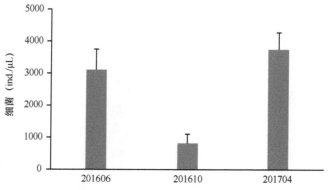

图7-13　不同时间地埋管道系统水体中细菌总数

对地埋管道系统水体粪大肠菌群进行监测分析。

2016年6月：粪大肠菌群数量最高值在A2站位，为管道系统外部环境监测站位，为240个/100mL；最低值在A4站位，为管道内部环境监测站位，为2个/100mL。管道外部监测站位C2和A2的平均数量为185个/100mL，明显高于管道内部站位A4、D6和D9的平均值，平均数量为11个/100mL。另外供水池站位D1的粪大肠菌群数量为49个/100mL，略高于管道内部站位的平均值，而明显低于管道外部站位的平均值（图7-14）。

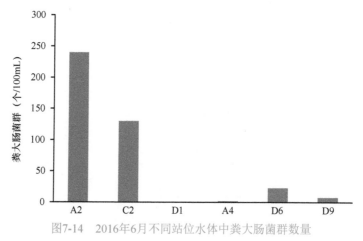

图7-14　2016年6月不同站位水体中粪大肠菌群数量

2016年10月：管道外部监测站位（C1）粪大肠菌群数量为79个/100mL，管道内监测站位（A5）粪大肠菌群数量为70个/100mL，供水池站位（D1）粪大肠菌群数量为170个/100mL。管道内部站位粪大肠菌群数量略低于管道外部站位，供水池粪大肠菌群数量远高于管道内外部站位（图7-15）。

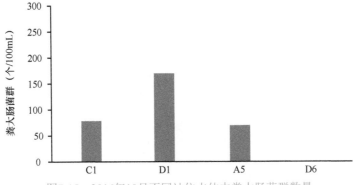

图7-15　2016年10月不同站位水体中粪大肠菌群数量

2017年4月：管道外部监测站位粪大肠菌群数量为17～22个/100mL，平均数量为19.5个/100mL；管道内部监测站位粪大肠菌群数量为2～23个/100mL，平均数量为8.8个/100mL；供水池站位（D1）粪大肠菌群数量为240个/100mL。管道内部站位粪大肠菌群数量低于管道外部站位，供水池站位粪大肠菌群数量远高于管道内外部站位（图7-16）。

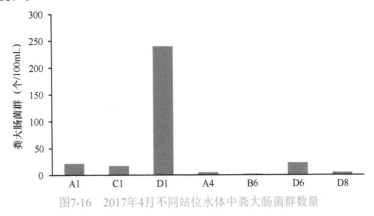

图7-16　2017年4月不同站位水体中粪大肠菌群数量

三、微微型浮游生物

利用流式细胞仪监测地埋管道系统水体的微微型浮游生物，监测结果显示，管道系统内部水体微微型浮游生物的主要类群包括原绿球藻、聚球藻和微微型真核浮游生物。原绿球藻占微微型浮游生物总数量的45%，聚球藻占23%，微微型真核浮游生物占32%（图7-17）。

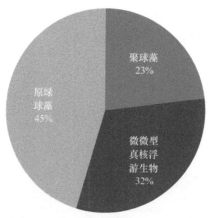

图7-17　微微型浮游生物的类群组成

　　聚球藻丰度在2016年10月最高，为8517～31176cells/mL，平均值为21108cells/mL；2017年4月最低，为8358～13333cells/mL，平均值为10613cells/mL；2016年6月聚球藻丰度为12721～21748cells/mL，平均值为16922cells/mL。微微型真核浮游生物丰度在2017年4月最高，为12605～17370cells/mL，平均值为14543cells/mL；2016年6月最低，为3160～6143cells/mL，平均值为4379cells/mL；2016年10月为3643～10681cells/mL，平均值为7169cells/mL。原绿球藻仅在2017年4月做监测，丰度为18716～25321cells/mL，平均值为20930cells/mL（图7-18）。

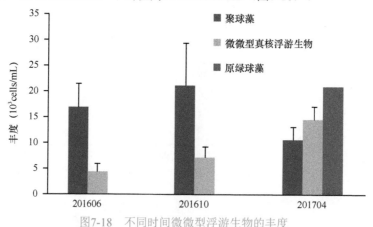

图7-18　不同时间微微型浮游生物的丰度

四、浮游植物

（一）浮游植物类群组成

　　地埋管道系统内部水体浮游植物类群组成为硅藻和甲藻，其中硅藻为最主要类群，水采浮游植物中硅藻占总种类数的84%，甲藻占16%；网采浮游植物中硅藻占总种类数的96%，甲藻占4%（图7-19）。

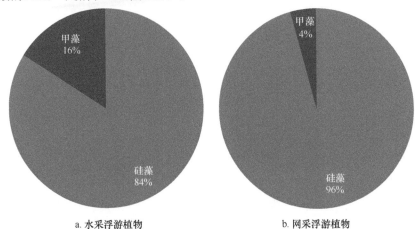

a. 水采浮游植物　　　　　　　　　　b. 网采浮游植物

图7-19　浮游植物类群组成

　　管道系统内部水体的水采浮游植物优势种组成在不同月份呈现明显的变化，2016年6月主要优势种为海链藻、四刺多甲藻和脆杆藻，2016年10月主要优势种为洛伦菱形藻、派格棍形藻、海链藻和菱形藻。2016年10月监测的管道内部水体网采浮游植物的优势种有派格棍形藻、圆筛藻（表7-6～表7-8）。

表7-6　地埋管道内部水采浮游植物优势种（201606）

种名	拉丁名	类群	优势度
海链藻	*Thalassiosira* sp.	硅藻	0.517
四刺多甲藻	*Peridinium quadridentatum*	甲藻	0.141
脆杆藻	*Fragilaria* sp.	硅藻	0.129
中肋骨条藻	*Skeletonema costatum*	硅藻	0.047
新月柱鞘藻	*Cylindrotheca closterium*	硅藻	0.024
菱形藻	*Nitzschia* sp.	硅藻	0.022

表7-7　地埋管道内部水采浮游植物优势种（201610）

中文名	拉丁名	类群	优势度
洛伦菱形藻	*Nitzschia lorenziana*	硅藻	0.230
派格棍形藻	*Bacillaria paxillifera*	硅藻	0.182
海链藻	*Thalassiosira* sp.	硅藻	0.176
菱形藻	*Nitzschia* sp.	硅藻	0.122

续表

中文名	拉丁名	类群	优势度
新月柱鞘藻	*Cylindrotheca closterium*	硅藻	0.078
斜纹藻	*Pleurosigma* sp.	硅藻	0.050

表7-8　地埋管道内部网采浮游植物优势种（201610）

中文名	拉丁名	类群	优势度
派格棍形藻	*Bacillaria paxillifera*	硅藻	0.784
圆筛藻	*Coscinodiscus* sp.	硅藻	0.030
洛伦菱形藻	*Nitzschia lorenziana*	硅藻	0.027
新月柱鞘藻	*Cylindrotheca closterium*	硅藻	0.025
海链藻	*Thalassiosira* sp.	硅藻	0.023
角毛藻	*Chaetoceros* sp.	硅藻	0.021

　　针对地埋管道系统内部和外部不同区域（A-地埋管道未养殖区、B-对照区、C-地埋管道养殖区、D-供水池）分别进行对比分析发现（表7-9），地埋管道系统内部和外部不同区域水体之间的水采和网采浮游植物群落结构并未发生显著变化，表明地埋管道养殖并未对浮游植物群落造成显著影响。

（二）浮游植物丰度

　　在管道内部环境中，2016年6月水采浮游植物的平均丰度为1.73×10^5cells/L，明显低于外部环境的平均丰度（9.45×10^5cells/L）。供水池中水采浮游植物丰度为3.14×10^5cells/L，明显低于外部环境，略高于内部环境。2016年10月管道内部水采浮游植物的平均丰度为0.14×10^5cells/L，明显低于2016年6月，约为外部环境的1/2。供水池中浮游植物丰度为0.06×10^5cells/L（图7-20）。

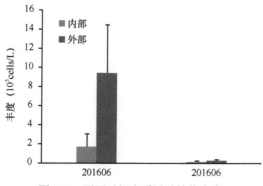

图7-20　不同时间水采浮游植物丰度

表7-9　地埋管道系统浮游植物优势种组成

时间	类型	区域	优势种名						
201606	网样	A	四刺多甲藻	海链藻	星脐圆筛藻	脆杆藻	菱形藻	钝头菱形藻刀形变种	锥状斯氏藻
		B	四刺多甲藻	海链藻	星脐圆筛藻		菱形藻	钝头菱形藻刀形变种	锥状斯氏藻
		C	四刺多甲藻	海链藻	星脐圆筛藻	脆杆藻	菱形藻	钝头菱形藻刀形变种	
	水样	A	四刺多甲藻	锥状斯氏藻	海链藻	弯行海链藻			
		B	四刺多甲藻	锥状斯氏藻	海链藻	脆杆藻			
		C	四刺多甲藻	锥状斯氏藻	海链藻	弯行海链藻			
		D	四刺多甲藻	海链藻	弯行海链藻	中肋骨条藻	新月柱鞘藻		
		内部	海链藻	四刺多甲藻	脆杆藻	中肋骨条藻	菱形藻	新月柱鞘藻	
201610	网样	A	派格棍形藻	洛伦菱形藻	圆筛藻				
		B	派格棍形藻	菱形藻	紧密角管藻	洛伦菱形藻			
		C	洛伦菱形藻	角毛藻	中肋骨条藻	圆筛藻			
		内部	派格棍形藻	角毛藻	圆筛藻	新月柱鞘藻	海链藻		
	水样	A	洛伦菱形藻	派格棍形藻	诺氏海链藻	海链藻			
		B	海链藻	菱形藻	诺氏海链藻	派格棍形藻			
		C	海链藻	诺氏海链藻	洛伦菱形藻	派格棍形藻	中肋骨条藻		
		D	洛伦菱形藻	新月柱鞘藻	菱形藻		菱形藻		
		内部	洛伦菱形藻	派格棍形藻	海链藻	菱形藻	新月柱鞘藻	斜纹藻	

注：A—地埋管道未养殖区，B—对照区，C—地埋管道养殖区，D—供水池。

在管道内部环境中，2016年10月网采浮游植物的平均丰度为$1.08×10^5$cells/m³。在管道外部环境中，2016年6月网采浮游植物的平均丰度为$0.60×10^5$cells/m³，低于2016年10月（$1.20×10^5$cells/m³）。内部和外部相比，网采浮游植物丰度差异不大（图7-21）。

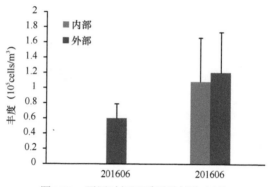

图7-21　不同时间网采浮游植物丰度

（三）浮游植物多样性

2016年6月管道内部水体水采浮游植物多样性指数结果显示，丰富度指数d为0.71～0.85，平均值为0.79，均匀度指数J'为0.63～0.77，平均值为0.69，香农多样性指数H'为2.10～2.56，平均值为2.31，优势度指数D为0.24～0.34，平均值为0.30（图7-22）。2016年10月管道内部水体水采浮游植物丰富度指数d为0.76～1.34，平均值为1.03，均匀度指数J'为0.70～0.76，平均值为0.73，香农多样性指数H'为2.10～2.72，平均值为2.48，优势度指数D为0.52～0.76，平均值为0.61（图7-23）。2016年10月管道内部水体网采浮游植物丰富度指数d为0.94～1.24，平均值为1.14，均匀度指数J'为

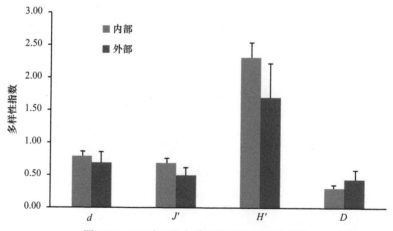

图7-22　2016年6月水采浮游植物多样性指数

0.23～0.50，平均值为0.40，香农多样性指数H'为0.95～1.89，平均值为1.56，优势度指数D为0.77～0.90，平均值为0.82（图7-24）。

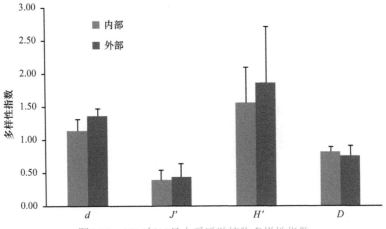

图7-23　2016年10月水采浮游植物多样性指数

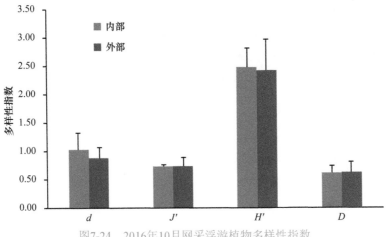

图7-24　2016年10月网采浮游植物多样性指数

　　总体来看，管道内部浮游植物多样性水平适中，内部和外部相比，多样性指数并未显著变化。

五、浮 游 动 物

（一）浮游动物类群组成

　　管道系统内部水体环境中共鉴定出浮游动物类群8个，其中桡足类和浮游幼体种类数最多，各占总种类数量的28%，其次是端足类和十足类各占11%，双壳类和翼足类各占6%，等足类和毛颚类各占5%（图7-25）。

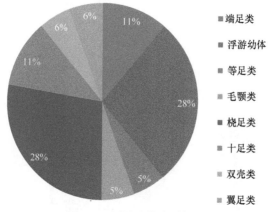

端足类
浮游幼体
等足类
毛颚类
桡足类
十足类
双壳类
翼足类

图7-25　浮游动物类群组成

（二）浮游动物丰度和生物量

2016年6月：浮游动物丰度的高值均出现在管道内部，三个监测站位的丰度值分别为60ind./m³（D6）、69ind./m³（A4）和114ind./m³（D9），而管道外部的丰度值均低于25ind./m³，显著低于管道内部（图7-26）。管道内部环境中浮游动物的主要优势种类为刺尾纺锤水蚤，平均丰度达71.7ind./m³，而在管道外部环境中，其丰度较低或较少出现（图7-27）。

2016年10月：管道内部浮游动物丰度和生物量均较低，浮游动物平均丰度和生物量分别为3ind./m³和35mg/m³，管道外部浮游动物平均丰度和生物量分别为7.8ind./m³和91.2mg/m³（图7-28，图7-29）。

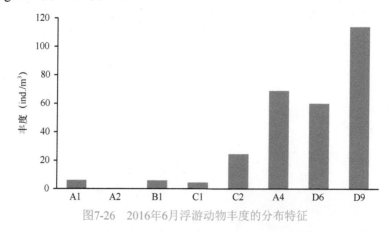

图7-26　2016年6月浮游动物丰度的分布特征

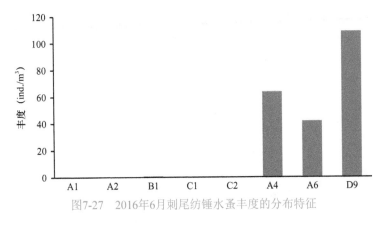

图7-27　2016年6月刺尾纺锤水蚤丰度的分布特征

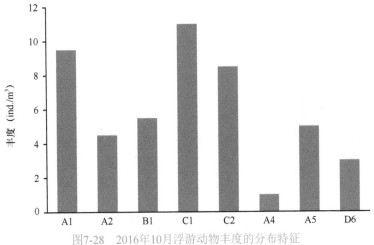

图7-28　2016年10月浮游动物丰度的分布特征

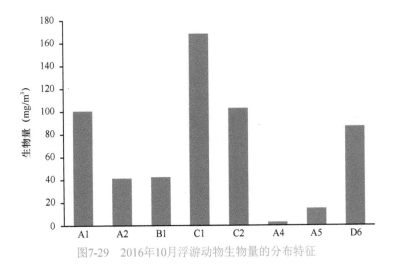

图7-29　2016年10月浮游动物生物量的分布特征

2017年4月：管道内部浮游动物丰度和生物量分别为4.48ind./m³和152mg/m³，管道外部浮游动物丰度和生物量分别为6.51ind./m³和520mg/m³。供水池浮游动物丰度和生物量分别为12.5ind./m³和94mg/m³（图7-30，图7-31）。

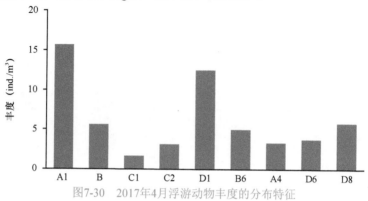

图7-30　2017年4月浮游动物丰度的分布特征

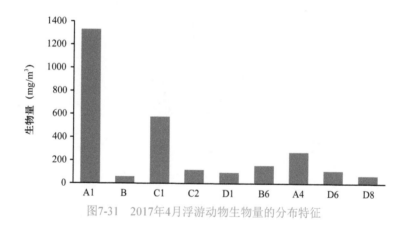

图7-31　2017年4月浮游动物生物量的分布特征

（三）浮游动物多样性

2017年4月管道内部浮游动物多样性指数结果显示，丰富度指数d为1.70～3.72，平均值为2.74，均匀度指数J'为0.83～1.00，平均值为0.95，香农多样性指数H'为1.66～2.75，平均值为2.17（图7-32，表7-10～表7-12）。总体来看，管道系统内部浮游动物多样性水平适中，管道内部和外部浮游动物多样性指数没有显著差异。

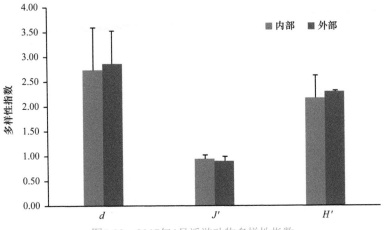

图7-32　2017年4月浮游动物多样性指数

表7-10　地埋管道系统水采浮游植物种名录

中文名	拉丁名	类群
短柄曲壳藻	*Achnanthes brevipes*	硅藻
双眉藻	*Amphora* sp.	硅藻
派格棍形藻	*Bacillaria paxillifera*	硅藻
透明辐杆藻	*Bacteriastrum hyalinum*	硅藻
角毛藻	*Chaetoceros* sp.	硅藻
星脐圆筛藻	*Coscinodiscus asteromphalus*	硅藻
辐射列圆筛藻	*Coscinodiscus radiatus*	硅藻
圆筛藻	*Coscinodiscus* sp.	硅藻
条纹小环藻	*Cyclotella striata*	硅藻
新月柱鞘藻	*Cylindrotheca closterium*	硅藻
翼茧形藻	*Entomoneis alata*	硅藻
脆杆藻	*Fragilaria* sp.	硅藻
胸膈藻	*Mastogloia* sp.	硅藻
舟形藻	*Navicula* sp.	硅藻
洛伦菱形藻	*Nitzschia lorenziana*	硅藻
钝头菱形藻刀形变种	*Nitzschia obtusa* var. *scalpelliformis*	硅藻
拟螺形菱形藻	*Nitzschia sigmoides*	硅藻
菱形藻	*Nitzschia* sp.	硅藻
羽纹藻	*Pinnularia* sp.	硅藻
近缘斜纹藻	*Pleurosigma affine*	硅藻

中文名	拉丁名	类群
斜纹藻	*Pleurosigma* sp.	硅藻
柔弱伪菱形藻	*Pseudo-nitzschia delicatissima*	硅藻
刚毛根管藻	*Rhizosolenia setigera*	硅藻
笔尖根管藻	*Rhizosolenia styliformis*	硅藻
中肋骨条藻	*Skeletonema costatum*	硅藻
双菱藻	*Surirella* sp.	硅藻
弯行海链藻	*Thalassiosira curviseriata*	硅藻
诺氏海链藻	*Thalassiosira nordenskioldii*	硅藻
海链藻	*Thalassiosira* sp.	硅藻
三角角藻	*Tripos muelleri*	硅藻
亚历山大藻	*Alexandrium* sp.	甲藻
环沟藻	*Gyrodinium* sp.	甲藻
四刺多甲藻	*Peridinium quadridentatum*	甲藻
锥状斯氏藻	*Scrippsiella trochoidea*	甲藻

表7-11　地埋管道系统网采浮游植物种名录

中文名	拉丁名	类群
双眉藻	*Amphora* sp.	硅藻
派格棍形藻	*Bacillaria paxillifera*	硅藻
马鞍藻	*Campylodiscus* sp.	硅藻
紧密角管藻	*Cerataulina compacta*	硅藻
卡氏角毛藻	*Chaetoceros castracanei*	硅藻
洛氏角毛藻	*Chaetoceros lorenzianus*	硅藻
秘鲁角毛藻	*Chaetoceros peruvianus*	硅藻
拟旋链角毛藻	*Chaetoceros pseudocurvisetus*	硅藻
角毛藻	*Chaetoceros* sp.	硅藻
盾卵形藻	*Cocconeis scutellum*	硅藻
卵形藻	*Cocconeis* sp.	硅藻
星脐圆筛藻	*Coscinodiscus asteromphalus*	硅藻
琼氏圆筛藻	*Coscinodiscus jonesianus*	硅藻
辐射列圆筛藻	*Coscinodiscus radiatus*	硅藻
圆筛藻	*Coscinodiscus* sp.	硅藻
有棘圆筛藻	*Coscinodiscus spinosus*	硅藻

续表

中文名	拉丁名	类群
细弱圆筛藻	*Coscinodiscus subtilis*	硅藻
条纹小环藻	*Cyclotella striata*	硅藻
新月柱鞘藻	*Cylindrotheca closterium*	硅藻
布氏双尾藻	*Ditylum brightwellii*	硅藻
翼茧形藻	*Entomoneis alata*	硅藻
脆杆藻	*Fragilaria* sp.	硅藻
泰晤士旋鞘藻	*Helicotheca tamesis*	硅藻
短楔形藻	*Licmophora abbreviata*	硅藻
胸膈藻	*Mastogloia* sp.	硅藻
念珠直链藻	*Melosira moniliformis*	硅藻
舟形藻	*Navicula* sp.	硅藻
洛伦菱形藻	*Nitzschia lorenziana*	硅藻
钝头菱形藻刀形变种	*Nitzschia obtusa* var. *scalpelliformis*	硅藻
粗点菱形藻	*Nitzschia punctata*	硅藻
拟螺形菱形藻	*Nitzschia sigmoides*	硅藻
菱形藻	*Nitzschia* sp.	硅藻
活动齿状藻	*Odontella mobiliensis*	硅藻
具槽帕拉藻	*Paralia sulcata*	硅藻
羽纹藻	*Pinnularia* sp.	硅藻
近缘斜纹藻	*Pleurosigma affine*	硅藻
曲舟藻	*Pleurosigma* sp.	硅藻
斜纹藻	*Pleurosigma* sp.	硅藻
佛焰足囊藻	*Podocystis spathulata*	硅藻
原多甲藻	*Protoperidinium* sp.	硅藻
柔弱伪菱形藻	*Pseudo-nitzschia delicatissima*	硅藻
尖刺伪菱形藻	*Pseudo-nitzschia pungens*	硅藻
螺端根管藻	*Rhizosolenia cochlea*	硅藻
刚毛根管藻	*Rhizosolenia setigera*	硅藻
中肋骨条藻	*Skeletonema costatum*	硅藻
双菱藻	*Surirella* sp.	硅藻
针杆藻	*Synedra* sp.	硅藻
伏氏海线藻	*Thalassionema frauenfeldii*	硅藻
菱形海线藻	*Thalassionema nitzschioides*	硅藻

中文名	拉丁名	类群
弯行海链藻	*Thalassiosira curviseriata*	硅藻
离心列海链藻	*Thalassiosira excentrica*	硅藻
海链藻	*Thalassiosira* sp.	硅藻
亚历山大藻	*Alexandrium* sp.	甲藻
四刺多甲藻	*Peridinium quadridentatum*	甲藻
锥状斯氏藻	*Scrippsiella trochoidea*	甲藻

表7-12　地埋管道系统浮游动物种名录

种名	拉丁名	类群
球型侧腕水母	*Pleurobrachia globosa*	栉水母
刺尾纺锤水蚤	*Acartia spinicauda*	桡足类
汤氏长足水蚤	*Calanopia thompsoni*	桡足类
鱼虱	Caligidae	桡足类
猛水蚤	Harpacticoida	桡足类
真刺唇角水蚤	*Labidocera euchaeta*	桡足类
安氏伪镖水蚤	*Pseudodiaptomus annandalei*	桡足类
海洋伪镖水蚤	*Pseudodiaptomus marinus*	桡足类
火腿伪镖水蚤	*Pseudodiaptomus poplesia*	桡足类
麦秆虫属	*Caprella* sp.	端足类
水母近泉蛾	*Hyperoche medusarum*	端足类
日本毛虾	*Acetes japonicus*	十足类
亨生莹虾	*Lucifer hanseni*	十足类
百陶带箭虫	*Zonosagitta bedoti*	毛颚类
小齿海樽	*Doliolum denticulatum*	被囊类
翼足类	Pteropods	翼足类
阿利玛幼虫	Alima larvae	浮游幼体
羽腕幼虫	*Bipinnaria larvae*	浮游幼体
双壳类幼体	Bivalve larvae	浮游幼体
短尾类大眼幼体	Brachyura megalopa	浮游幼体
短尾类潘状幼体	Brachyura zoea	浮游幼体
磷虾幼体	Euphausia larvae	浮游幼体
长尾类幼体	Macrura larvae	浮游幼体
多毛类幼体	Polychaeta larvae	浮游幼体

第八章 地埋管道原位生态养殖系统人工恢复红树林的健康评价

第一节　人工恢复红树林区简介

人工恢复红树林区位于广西壮族自治区防城港市北仑河口国家级自然保护区的珍珠湾石角红树林区（北纬21°36′57.2″,东经108°13′55.21″），地埋式管道红树林底栖鱼类原位生态养殖系统科研基地内。珍珠湾海区年平均气温22.5℃，月平均气温14.1℃，极端最低气温2.8℃，年降水量2220.5mm，蒸发量1400mm，年均相对湿度81%。珍珠湾潮汐类型属全日潮，多年平均潮差2.24m，多年平均最大潮差5.05m，多年平均海水温度23.5℃，多年平均海水盐度29.1。珍珠湾红树林是广西北仑河口国家级自然保护区的主体，红树林面积924.4hm^2，绝大部分为桐花树（*Aegiceras corniculatum*）群落和白骨壤（*Avicennia marina*）群落，其中木榄（*Bruguiera gymnorrhiza*）–秋茄（*Kandelia candel*）+白骨壤是该红树林区的主要群落类型，桐花树群落主要生长在潮沟和海向林缘，退化红树林斑块的主要群落类型是秋茄–桐花树。

历史上，研究区内的红树林被当地居民大面积的砍伐，用于围海养殖。近年来，在国家海洋公益项目的支持下，在该区进行了地埋管道生态养殖系统的实验，建设了养殖窗口38个，同时铺设了栈道（图8-1）。在开展实验之前，该区存在大片的裸露滩地，在完成地埋管道生态养殖系统建设以后，自2016年起在实验区开展了大规模的红树林人工恢复活动。在人工恢复的红树林中，秋茄占据较大的比例。

第二节　数据与方法

一、野外调查与采样

调查地点：调查与采样在两个区域进行，即人工恢复区和自然繁殖区。人工恢复区是指在地埋管道生态养殖区选择的8个养殖窗口区，即A2、A3、A4、A6、C1、

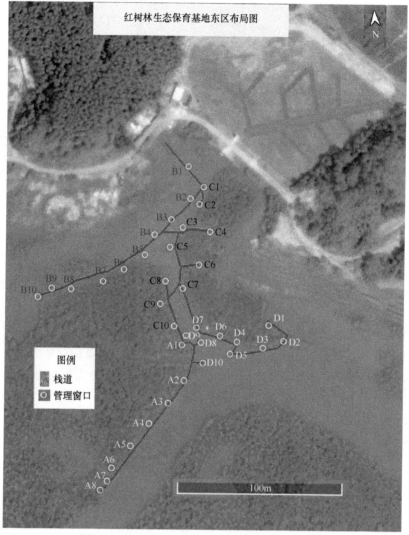

图8-1　研究区地埋管道生态养殖系统布设示意图

C3、C10、D7（图8-1）。自然繁殖区位于地埋管道区东南约300m处，是以秋茄为主的天然红树林区域。在每个选定的养殖窗口区，分别设置了一个5m×5m的样方。在自然繁殖区，随机设置了8个5m×5m的样方。对样方内所有的幼苗植株进行挂牌标记。

调查时间：2016年10月开展了第一次调查，共调查人工栽培的幼苗265株，自然繁殖的幼苗212株，并对所有调查植株进行了挂牌；2017年7月对所有挂牌的秋茄进行了第二次调查，共调查到人工栽培的幼苗211株，自然繁殖的幼苗175株；2018年7月进行了第三次调查，共调查到人工栽培的幼苗73株，自然繁殖幼苗118株。

调查指标：幼苗的形态调查中，测量幼苗的株高和基径。采集幼苗的叶片，每个植株采集1～2片健康叶片，采集的位置尽量保持一致，采集的叶片应迅速带回实验室进行冷冻处理。在进行幼苗调查的同时，在每个5m×5m的样方内取0～10cm深度的土样3份，混合均匀后带回实验室进行土壤有机质和全氮含量的测定。

二、实 验 方 法

土壤有机质和全氮含量：有机质测定采用重铬酸钾氧化-外加热法，具体参见林业行业标准《森林土壤有机质的测定及碳氮比的计算》（LY/T 1237—1999）；土壤全氮测定采用半微量凯氏法，具体参见林业行业标准《森林土壤氮的测定》（LY/T 1228—2015）。土壤有机质和全氮含量的测定由中国科学院植物研究所植被与环境变化国家重点实验室分析测试中心完成。

生理生化指标：包括过氧化氢酶（CAT）活性、叶绿素含量、H_2O_2含量、可溶性蛋白含量的测定。CAT活性的测定参照Knörzer等（1999）的方法，叶绿素含量测定参考Lichtenthaler（1987）的方法、H_2O_2含量的测定参考Patterson等（1984）方法、可溶性蛋白含量的测定采用考马斯亮蓝G-250染色法（Bradford，1976）。生理生化指标的测定在中国科学院植物研究所北方资源植物重点实验室完成。

三、统 计 分 析

采用独立样本t检验，对2016年、2017年和2018年三次调查的人工恢复秋茄与自然繁殖秋茄的株高、基径、株高基径比及叶片的叶绿素含量、可溶性蛋白含量、H_2O_2含量和CAT活性等生化指标进行对比分析，同时也对土壤的全氮和有机质含量进行了对比分析。

四、评价模型的构建

（一）参照生态系统的选择

对生态系统健康的评价，尚无一套成熟的指示生态系统健康的标准作为依据（曾勇等，2005），通常采用"被评价的生态系统"与"参照生态系统"进行对比，从而对生态系统的健康状况进行综合评价。理想的参照生态系统是位于长期稳定的地带性生境、很少受干扰的自然生态系统。因此，本研究选择自然繁殖的且人类干扰较小的以秋茄为主的红树林作为评价的参照生态系统。

（二）评价指标体系

红树林湿地的保护目标是发挥其防风消浪护堤、保持生物多样性等功能，健康的标准是保持红树林群落结构和功能的完整性、稳定性和可持续发展能力，同时满足人类对资源的需求（郭菊兰等，2013）。因此，群落结构特性、功能特性、生态系统变化特性和扰动特性成为选择评价指标的基础和依据。红树林湿地具有使红树林湿地形成特殊的生理特性的海岸潮间盐滩土生境。这一生境是红树林植被形成带状分布格局和相对稳定演替的内在原因，是红树植物与陆生植物竞争的优势，是保持红树林群落稳定的关键因子和维持生物多样性的基础，是红树林湿地健康评价的重要因素（郭菊兰等，2013）。另外，评价指标要有代表性，且具有易控制和操作的特点，具有技术与经济可行性，所选群落指标能够反映红树林的生态功能（郭菊兰等，2013）。

　　层次分析法（AHP）是美国运筹学家T.L.Saaty教授提出的一种多准则决策方法，它是一种定性和定量相结合、系统化、层次化的分析方法。它把一个复杂问题分解成组成因素，并按照支配关系形成层次结构，然后应用两两比较的方法确定决策方案的相对重要性。AHP基本思想为：根据问题的性质和要达到的目标，将问题按层次分解成各个组成因素；再将这些因素按支配关系分组，形成有序的递阶层次

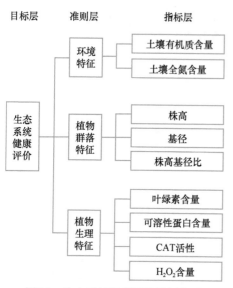

图8-2　生态系统健康评价指标体系

结构；对同一层次内因素的重要性，既要考虑本层次，又要考虑到上一层次的权重因子，逐层计算，进行排序、决策。

　　按照上述生态系统健康评价指标选择的原则，本研究按照层次分析法的思想，将生态系统健康评价分为3个层次（图8-2）。第1层次是目标层，指生态系统健康评价；第2层次是准则层，由环境特征、植物群落特征、植物生理特征等组成；第3层次是指标层，其中环境特征指标包括土壤有机质含量和土壤全氮含量；植物群落特征指标包括株高、基径及株高基径比；植物生理特征指标包括叶片的叶绿素含量、可溶性蛋白含量、H_2O_2含量和CAT活性等。

（三）评价指标标准化

　　由于评价指标的量纲不同，相互之间没有可比性，因此，须对各个指标进行标准化处理。根据评价指标与生态系统健康之间的关系，评价指标被分为正向指标（值越大，生态系统健康程度越高）和负向指标（值越大，生态系统健康程度越低）两类。正向指标包括土壤有机质含量和全氮含量、株高、基径、叶绿素含量、

可溶性蛋白含量等；负向指标包括CAT活性、H_2O_2含量。

正向指标的标准化方法为

$$\chi_\alpha = \chi_i / \chi_{max}$$

式中，χ_α为标准化以后的指标值；χ_i为所选指标值；χ_{max}为同类指标中最大值。

负向指标的标准化方法为

$$\chi_\alpha = (\chi_{max} - \chi_i) / \chi_{max}$$

式中，χ_α为标准化以后的指标值；χ_i为所选指标值，χ_{max}为同类指标中最大值。

（四）评价指标权重确定

评价指标的权重确定是建立在专家意见的基础上。咨询专家是来自中国科学院植物研究所植被与环境变化国家重点实验室、北方资源植物重点实验室等从事生态学、生理学、生物化学研究的科研人员，采用调查问卷的方式进行咨询，共发放调查问卷15份。基于调查问卷，获取各个层次指标的相对重要性数据，构建了准则层和指标层的权重判别矩阵。

层次分析法在评价指标权重计算中运用较广，其优点是既考虑了专家的意见，又有严密的统计学基础，计算结果可以较好地反映各个评价指标的重要性（Van Niekerk et al.，2013；钟振宇等，2010）。层次分析法运用一般包括如下几个步骤：①分析系统中各因素之间的关系，建立系统的递阶层次结构；②将同一层次的各元素对上一层次中某一准则的重要性进行两两比较判断评分，逐层构造两两比较判断矩阵；③由判断矩阵计算被比较元素对于该准则的相对权重；④计算各层元素对于系统目标的合成权重；⑤一致性检验，检验判断矩阵是否偏离了一致性。判断矩阵一致性比例（CR）是层次分析法的关键，CR按照如下公式计算：

$$CR = CI/RI$$

式中，CI为判断矩阵一致性指标，$CI = (\lambda_{max} - n)/(n-1)$，$\lambda_{max}$为判断矩阵的最大特征根，$n$为判断矩阵阶数；RI为判断矩阵随机一致性指标，可以查表获取不同阶数矩阵的随机一致性数值。当CR<0.1时，判断矩阵具有满意的一致性。具体计算过程可参见王薇等（2012）、钟振宇等（2010）和马立广等（2011）发表的论文。

（五）生态系统健康指数计算

生态系统健康指数采用以下公式计算：

$$EHI = \sum_{i=1}^{n} E_i W_i$$

式中，EHI为生态系统健康指数；E_i为第i个评价指标标准化后的值；W_i为第i个评价指标的权重；n为评价指标个数。

第三节　健康评价

一、人工恢复秋茄与自然繁殖秋茄形态学特征对比

2016年，人工恢复秋茄的株高显著高于自然繁殖秋茄（$F=0.00$；sig<0.05），基径之间的差异不显著（$F=5.91$；sig=0.53）（图8-3）。2017年，人工恢复秋茄的株高显著高于自然繁殖秋茄（$F=0.217$；sig<0.05），人工恢复秋茄的基径也显著大于自然繁殖秋茄（$F=5.74$；sig<0.05）（图8-4）。2018年，人工恢复秋茄的株高显著高于自然繁殖秋茄（$F=0.007$；sig<0.05），基径之间的差异也达到显著水平（$F=9.52$；sig<0.05）（图8-5），人工恢复秋茄幼苗与自然繁殖幼苗之间的株高差和基径差逐年扩大。

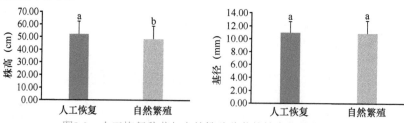

图8-3　人工恢复秋茄与自然繁殖秋茄的株高与基径对比

2016年调查数据，mean±SD，字母不同表示差异显著

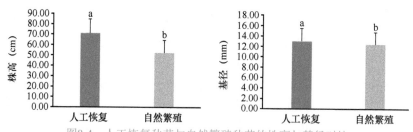

图8-4　人工恢复秋茄与自然繁殖秋茄的株高与基径对比

2017年调查数据，mean±SD，字母不同表示差异显著

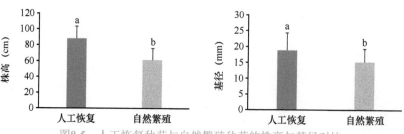

图8-5　人工恢复秋茄与自然繁殖秋茄的株高与基径对比

2018年调查数据，mean±SD，字母不同表示差异显著

2016年人工恢复秋茄的株高基径比为4.89，自然繁殖秋茄的株高基径比为4.54（图8-6）。2017年，人工恢复秋茄的株高基径比进一步增高至5.53，而自然繁殖秋茄的株高基径比下降至4.22（图8-6）。2018年，人工恢复秋茄的株高基径比出现下降，其值为4.96，自然繁殖秋茄的株高基径比也进一步下降，其值为4.09（图8-6）。

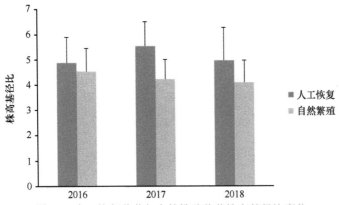

图8-6　人工恢复秋茄与自然繁殖秋茄株高基径比变化

t检验表明，2016年，人工恢复秋茄的株高基径比的均值要高于自然繁殖秋茄，但二者之间差异没有达到统计学显著水平（$F=3.552$，$sig=0.06$）。2017年和2018年，二者的株高基径比差异显著（$sig<0.05$）。这说明人工恢复秋茄的形态发育趋向于"高瘦型"，而自然繁殖秋茄的形态发育趋向于"矮粗型"。同时也可以看出，随着恢复时间的延长，人工恢复秋茄的株高基径比亦逐步下降，其形态发育逐渐向"矮粗型"发展。

二、人工恢复秋茄与自然繁殖秋茄存活率对比

2016年调查挂牌人工恢复幼苗265株，2017年，调查到存活的挂牌人工恢复幼苗211株，存活率为79.6%；而2018年，调查到存活的挂牌人工恢复幼苗73棵，存活率下降为27.5%（图8-7）。

2016年调查挂牌自然繁殖幼苗212株，2017年，共调查到存活的挂牌自然繁殖幼苗175株，存活率为82.5%；2018年，调查到存活的挂牌自然幼苗118株，存活率为55.7%（图8-7）。

整体而言，随着监测时间的延长，自然繁殖幼苗的存活率高于人工恢复幼苗的存活率。不过，由于人工恢复幼苗的调查样方设置在地埋管道的养殖窗口附近，日常的管理活动可能会对人工恢复幼苗造成一定的破坏，从而导致人工恢复幼苗的存活率较低。

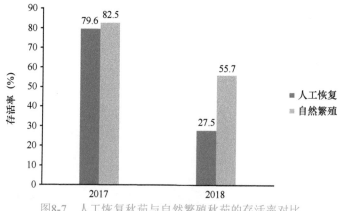

图8-7　人工恢复秋茄与自然繁殖秋茄的存活率对比

三、人工恢复秋茄与自然繁殖秋茄土壤有机质和全氮含量对比

图8-8对比了秋茄自然繁殖区与人工恢复区土壤中的有机碳和全氮含量。两年的数据对比均发现，人工恢复区中土壤有机质和全氮含量均显著低于自然繁殖区（$P < 0.05$）。

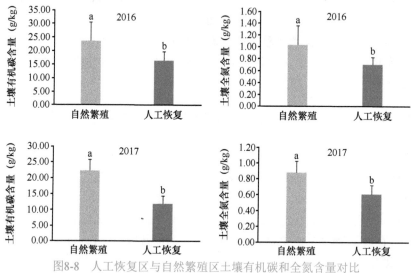

图8-8　人工恢复区与自然繁殖区土壤有机碳和全氮含量对比

mean±SD，字母不同表示差异显著

四、人工恢复秋茄与自然繁殖秋茄叶片生理指标对比

通过分析2017年的叶片生理生化指标数据发现，与自然繁殖的秋茄幼苗相比，

地埋管道养殖区中人工恢复的秋茄幼苗叶片具有更高的叶绿素和可溶性蛋白含量（图8-9），较低的H_2O_2含量，较高的CAT活性。

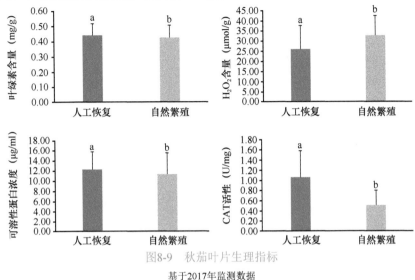

图8-9 秋茄叶片生理指标

基于2017年监测数据

五、人工恢复秋茄与自然繁殖秋茄指标权重计算结果

在准则层和各评价指标的权重判别矩阵的基础上，计算准则层和各个评价指标的权重值，并通过一致性检验，进一步计算得到各评价因子归一化权重（表8-1）。在准则层中，植物群落特征的权重最高，其次是植物生理生化特征，环境特征的权重最小。在9个评价指标中，株高基径比的归一化权重最大，基径和株高次之，之后是土壤有机质含量和全氮含量的权重相同，H_2O_2含量、CAT活性、叶绿素含量、可溶性蛋白含量等指标的权重相对较小。

表8-1 生态系统健康评价指标归一化权重

目标层	准则层	准则层权重	评价指标	指标权重	归一化指标权重
生态系统健康评价	环境特征	0.20	土壤有机质含量	0.50	0.10
			土壤全氮含量	0.50	0.10
	植物群落特征	0.49	株高	0.22	0.11
			基径	0.35	0.17
			株高基径比	0.43	0.21
	植物生理生化特征	0.31	叶绿素含量	0.25	0.08
			CAT活性	0.25	0.08
			H_2O_2含量	0.30	0.09
			可溶性蛋白含量	0.20	0.06

六、人工恢复秋茄与自然繁殖秋茄健康指数计算结果

基于表8-1中各个评价指标的归一化权重值，按照生态系统健康指数公式进行计算，人工恢复红树林湿地生态系统的健康指数为0.59，自然繁殖红树林湿地生态系统的健康指数为0.57，二者之间差距较小（图8-10）。

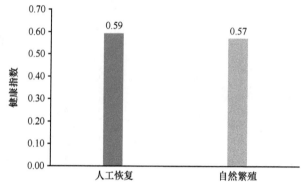

图8-10　人工恢复红树林湿地与自然繁殖红树林湿地生态系统的健康指数

基于2017年观测数据

第四节　分析和结论

一、人工恢复红树林与自然繁殖红树林形态和土壤属性对比

从人工恢复秋茄与自然繁殖秋茄的株高和基径对比分析来看，人工恢复秋茄的株高与基径均显著高于自然繁殖的秋茄（图8-3～图8-5），这说明人工恢复秋茄幼苗的生长状况要优于自然繁殖的幼苗。究其原因可能是在人工恢复区内，由于没有较大红树植株的遮挡，光照条件较好，所以幼苗生长较为迅速。然而，从株高基径比来看，人工恢复秋茄的株高基径比高于自然繁殖的秋茄（图8-6）。这说明人工恢复秋茄的形态发育趋向于"高瘦型"，而自然繁殖秋茄的形态发育则趋向于"矮粗型"。对于红树林来说，风和潮汐是影响红树林幼苗能否顺利定居并健康成长的关键因素。"矮粗型"的幼苗具有更大、更多和更粗的气生根或者次生根，对风和潮汐具有更强的抵抗力（林鹏，1988），更容易生存下来。因此，与人工恢复的秋茄幼苗相比，自然繁殖的秋茄幼苗在形态上更能适应恶劣的自然环境，适应能力要强于人工恢复的秋茄幼苗。另外，从研究结果也可看出，随着恢复时间的增长，人工恢复秋茄的株高基径比也在逐步下降（图8-6），其形态发育逐渐向"矮粗型"发展，而这种转变有利于提高人工恢复幼苗对风和潮汐的抵抗能力。

从抵抗风和潮汐的能力这个角度来看，基径的大小对于秋茄幼苗的健康成长具有更为重要的意义，因此，基径的权重应大于株高。在本研究中，基于层次分析法所获得的基径的权重要高于株高，这也说明本研究中基于专家知识和层次分析法来计算评价指标权重的方法是合理的。然而，值得注意的是，并非在所有的生态系统中基径的权重都高于株高，指标权重的确定需要针对具体的生态系统，全面评价指标的变化对生态系统健康的影响且同一指标在不同生态系统中的作用可能是不同的。例如，在亚热带、热带的森林生态系统中，光照对植物的生长及群落健康与稳定具有重要的作用，而较高的植株更容易获取光照，因此，株高的权重应高于基径（或胸径）（Wu et al.，2018）。

土壤中有机质和全氮对于植物的生长具有重要影响。在本研究中，人工恢复红树林区土壤的有机质含量和全氮含量显著低于自然繁殖红树林区（图8-8）。就土壤养分而言，通常上层土壤的有机质含量和全氮含量要高于下层土壤，而地埋管道的铺设过程在一定程度上扰动了原来的土壤，从而使下层土上翻，土壤全氮含量和有机质含量降低。而在自然繁殖区，上层土富含腐殖质，土壤全氮含量和有机质含量远远高于下层土。这可能是人工恢复区土壤有机质含量和全氮含量低于自然繁殖区的主要原因。不过，尽管人工恢复区的土壤有机质含量和全氮含量低于自然繁殖区，但是由于人工恢复区具有较好的光照条件，因而幼苗的生长状况要优于自然繁殖区的幼苗。随着时间的推移，人工恢复区较低的土壤全氮含量和有机质含量可能将会对幼苗生长产生限制性的影响。

二、生态系统健康评价标准和评价指标体系

湿地生态系统健康评价中存在两大基本问题：一是生态系统健康的标准，即什么样的生态系统是健康的，什么样的生态系统是不健康的，对此需要建立一套区别健康和病态生态系统的严格标准（Rapport，1995）；二是评价指标体系的问题，即全面、准确地评价生态系统健康状况需要哪些指标（Frashure et al.，2012；Van Niekerk et al.，2013）。对于生态系统的健康标准，众多学者已开展了大量研究（Karr，1993；Brousseau et al.，2011；Chiu et al.，2013；Spencer et al.，1998）。然而，由于生态系统健康本身的复杂性，且不同生态系统内部的结构与过程差异较大，因而很难建立统一的生态系统健康标准（Xu et al.，2004）。目前，很多研究均采用被评价生态系统与参照生态系统对比的方式来对生态系统健康程度进行判断。在本研究中，参照生态系统为处于保护区中的自然繁殖红树林湿地，通过与参照生态系统对比的方法，对人工恢复红树林湿地的健康状况进行评价。其间需要注意的是，生态系统健康评价的对象是一个复杂且结构相对松散的生态系统，即便是在较小的地理单元中也存在处于不同演替阶段的生态系统，相互之间存在较大的差异。

因此，参照生态系统的选择必须建立在对生态系统演替过程充分认识的基础之上。只有这样，评价结果才能较为客观地反映生态系统的健康状况。本研究所选择的参照生态系统位于自然保护区中，干扰较少，可以较好地反映健康自然繁殖红树林湿地的特征。因此，评价结果能够较为客观地反映人工恢复红树林湿地的健康状况。

在湿地生态系统健康评价研究中，根据研究目的，评价指标选择的侧重点有所不同。总体而言，评价指标主要包括化学指标和生物群落指标，如地表水的pH和电导率、铵态氮与硝态氮含量，土壤有机质、氮、磷和钾等元素含量，植物群落盖度、物种多样性指数、生物量，以及浮游植物与底栖动物数量等指标（赵臻彦等，2005；Bandeira et al.，2009；Borja and Tunberg，2011）。另外，除了生态系统本身的结构和功能指标，社会经济指标和人类健康指标也逐渐被纳入生态系统健康评价指标体系（Pantus and Dennison，2005）。然而，鲜有研究引入植物生理生化指标进行生态系统健康评价。本研究引入CAT活性、H_2O_2含量、叶绿素含量和可溶性蛋白含量4种生理生化指标进行生态系统健康评价。研究结果表明，人工恢复秋茄幼苗叶片中叶绿素和可溶性蛋白的含量均显著高于自然繁殖的秋茄幼苗（$P < 0.01$）。造成这种差异的原因可能是人工恢复秋茄湿地没有高大的红树植物的遮盖，光照充足，光合速率较高，而在自然繁殖秋茄湿地，由于上层红树植物树冠的遮挡，幼苗获得的光照不足，光合速率较低，这可能是导致人工恢复秋茄幼苗叶片中叶绿素和可溶性蛋白的含量显著高于自然繁殖秋茄幼苗的原因。通常，人工恢复湿地建成时间较短，受外界干扰较大，土壤养分条件较差，环境对植物的胁迫程度高，生境质量低于自然湿地。因此，在人工恢复湿地中栽培植物的叶片中通常会产生较多活性氧、自由基等，这可能会进一步刺激植物体内抗氧化酶活性的升高。然而，在本研究中我们发现，与自然繁殖秋茄幼苗相比，人工恢复秋茄幼苗叶片中H_2O_2含量较低，CAT活性较高。这可能与人工恢复秋茄红树林湿地与自然繁殖秋茄红树林湿地所处的空间位置有一定的关系。本研究中开展调查的人工恢复秋茄湿地距离海岸较近，位于自然红树林湿地的外围区域，这样，自然红树林可能在一定程度上减轻了潮汐和风对人工恢复秋茄红树林湿地的影响，而自然繁殖秋茄红树林湿地距离海岸较远，直接受到潮汐的冲击，所受到的干扰大于人工恢复秋茄湿地，这可能是导致人工恢复秋茄幼苗叶片的H_2O_2含量低于自然繁殖秋茄幼苗叶片的原因。需要注意的是，植物体内的各种酶活性及其他生化指标较为敏感，自然环境的变化对其活性和含量具有较大的影响，且这些酶活性及其他生化指标对植物健康状况的指示作用也较为复杂，因此，在引入生理生化指标进行植物乃至生态系统健康评价时要格外谨慎，要切实理解不同环境条件下生理生化参数产生差异的原因，审慎分析各种生理生化指标与植物及生态系统健康的关系，这样才能对植物及生态系统的健康状况做出科学合理的评价。

三、评估结果的综合分析

生态系统是一个不断演化的动态系统，只有对生态系统进行长期的观测与研究，才能全面、深入地了解生态系统。被破坏的生态系统在经过较长时间修复以后，其生态系统的结构、功能同样可以达到或者接近自然生态系统的水平。例如，王慧亮等（2010）对洪湖开展了基于生态系统健康的恢复效果评价，评价结果表明，经过5年的恢复，洪湖湿地的植被覆盖度、物种多样性及物质生产功能都得到了明显的改善。因此，长期监测数据的积累是生态系统健康评价的关键，长时间序列数据的缺乏会制约生态系统健康评价研究（Cardoso and Fonseca，2012；王薇等，2012；Xu et al.，2004）。

在本研究中，人工恢复秋茄红树林湿地建立于2016年，恢复时间较短，处于生态系统演化的初级阶段。本研究的评估结果显示，人工恢复秋茄红树林湿地和自然秋茄湿地的健康状况差异不大，但是，这并不能反映未来人工恢复秋茄红树林湿地的状况。我们在调查中也发现，2017年人工恢复湿地和自然湿地中秋茄幼苗的存活率较为接近，均在80%左右（图8-7），而2018年，人工恢复湿地中秋茄幼苗出现大量的死亡，存活率仅为27.5%，而自然湿地中秋茄幼苗的存活率也有较大下降，但是相对较高，为55.7%（图8-7）。因此，我们可以推测，随着时间的推延，自然湿地中秋茄幼苗群体的生长状况要逐渐优于人工恢复湿地中的秋茄幼苗。不过，我们的监测也发现，人工恢复湿地中的秋茄幼苗也在逐渐适应自然条件，如其株高基径比在逐步降低，抵抗潮汐和风干扰的能力在逐渐增强。因此，对人工恢复秋茄湿地和自然秋茄湿地的健康状况评估需要建立在长期监测的基础上，这样才能全面、准确地评价人工恢复的效果。本研究评估的结果只是一个阶段性的结论，人工恢复秋茄红树林湿地的健康状况未来究竟会如何发展，还需要在更长时间尺度上开展研究。此外，需要说明的是，人工恢复秋茄幼苗的存活率较低，其可能原因是在调查采样区存在一定的人类活动的干扰。在地埋管道区，由于养殖的需求设置了人工养殖窗口，需要定期进行投食、清洁、捕捞等作业，这在一定程度上会干扰养殖窗口周边的红树幼苗生长，导致幼苗的非正常死亡。因此，在地埋管道区进行各类养殖作业活动时，要特别注意对周边红树幼苗的保护，尽量减少人类活动对红树林湿地的干扰。

四、结　　论

本研究以人工恢复红树林湿地为研究对象，基于层次分析法思想，构建了生态系统健康评价指标体系，计算了各个评价指标的权重，对人工恢复红树林湿地的健康状况进行了评价。评价结果显示，在恢复初期，人工恢复红树林湿地的健康指数与自然红树林湿地差异较小。由于恢复时间对生态系统的健康状况具有重要影响，因而长时间尺度上监测数据的积累是全面深入了解生态系统、评价生态系统健康状况所必需的。因此，针对人工恢复红树林湿地开展长期的监测研究，将有助于对人工恢复红树林湿地的健康状况做出更为合理的评价和判断。

参 考 文 献

郭菊兰, 朱耀军, 武高洁, 等. 2013. 红树林湿地健康评价指标体系. 湿地科学与管理, 1: 18-22.

林鹏. 1988. 红树林. 北京: 海洋出版社.

马立广, 曹彦荣, 李新通. 2011. 基于层次分析法的拉市海高原湿地生态系统健康评估. 地球信息科学学报, 13(2): 234-239.

王薇, 陈为峰, 李其光. 2012. 黄河三角洲湿地生态系统健康评价指标体系. 水资源保护, 28(1): 13-16.

曾勇, 沈根祥, 黄沈发, 等. 2005. 上海城市生态系统健康评价. 长江流域资源与环境, 14(2): 208-212.

赵臻彦, 徐福留, 詹巍, 等. 2005. 湖泊生态系统健康定量评价方法. 生态学报, 25(6): 1466-1474.

钟振宇, 柴立元, 刘益贵, 等. 2010. 基于层次分析法的洞庭湖生态安全评估. 中国环境科学, 30(S): 41-45.

Bandeira S O, Macamo C C F, Kairo J G. 2009. Evaluation of mangrove structure and condition in two trans-boundary areas in the Western Indian Ocean. Marine and Freshwater Ecosystem, 19(S1): 46-55.

Borja A, Tunberg B G. 2011. Assessing benthic health in stressed subtropical estuaries, eastern Florida, USA using AMBI and M-AMBI. Ecological Indicators, 11(2): 295-303.

Bradford M M. 1976. A rapid and sensitive method for the quantitation of microgram quantities of protein utilizing the principle of protein-dye binding. Analytical Biochemistry, 72(1-2): 248-254.

Brousseau C M, Randall R G, Hoyle J A, et al. 2011. Fish community indices of ecosystem health: how does the Bay of Quinte compare to other coastal sites in Lake Ontario? Aquatic Ecosystem Health & Management, 14(1): 75-84.

Cardoso I, Fonseca L C D, Cabral H N. 2012. Ecological quality assessment of small estuaries from the Portuguese coast based on benthic macroinvertebrate assemblages indices. Marine Pollution Bulletin, 64(6): 1136-1142.

Chiu G S, Wu M A, Lu L. 2013. Model-based assessment of estuary ecosystem health using the latent health factor index, with application to the Richibucto estuary. PLoS One, 8(6): e65697.

Frashure K M, Bowen R E, Chen R F. 2012. An integrative management protocol for connecting human priorities with ecosystem health in the Neponset river estuary. Ocean & Coastal Management, 69: 255-264.

Karr J R. 1993. Defining and assessing ecological integrity: beyond water quality. Environmental Toxicology and Chemistry, 12(9): 1521-1531.

Knörzer O C, Lederer B, Durner J, et al. 1999. Antioxidative defense activation in soybean cells. Physiologia Plantarum, 107(3): 294-302.

Lichtenthaler H K. 1987. Chlorophylls and carotenoids: pigments of photosynthetic biomembranes. Methods Enzymol, 148: 350-382.

Pantus F J, Dennison W C. 2005. Quantifying and evaluating ecosystem health: a case study from Moreton Bay, Australia. Environmental Management, 36(5): 757-771.

Patterson B D, Macrae E A, Ferguson I B. 1984. Estimation of hydrogen peroxide in plant extracts using titanium(IV). Analytical Biochemistry, 139(2): 487-492.

Rapport D J. 1995. Ecosystem health: an emerging integrative science. In: Rapport D J, Gaudet C L, Calow P. Evaluating and Monitoring the Health of Large-Scale Ecosystems. Berlin: Springer: 5-31.

Spencer C, Robertson A I, Curtis A. 1998. Development and testing of a rapid appraisal wetland condition index in south-eastern Australia. Journal of Environmental Management, 54(2): 143-159.

Van Niekerk L, Adams J B, Bate G C, et al. 2013. Country-wide assessment of estuary health: an approach for integrating pressures and ecosystem response in a data limited environment. Estuarine, Coastal and Shelf Science, 130: 239-251.

Wu L Y, You W B, Ji Z R, et al. 2018. Ecosystem health assessment of Dongshan Island based on its ability to provide ecological services that regulate heavy rainfall. Ecological Indicators, 84: 393-403.

Xu F L, Lam K C, Zhao Z Y, et al. 2004. Marine coastal ecosystem health assessment: a case study of the Tolo Harbour, Hong Kong, China. Ecological Modelling, 173(4): 355-370.

第九章
红树林地埋管道原位生态养殖系统在人工红树林湿地中的应用

湿地是大自然的净水器，天然湿地用于净化集约化海水养殖废水，导致湿地功能下降，人工湿地则通常用于处理受污染的淡水，而海水人工湿地开发的经验相对有限。为此，我们探讨了建设人工红树林湿地在净化陆基海水养殖系统营养丰富的外排水方面的潜力——开发地埋管道原位生态养殖系统。通过攻克地埋管道原位生态养殖系统内设施构建工艺、不同生态位品种选择及配套养殖技术、病害生物防控、系统循环水处理工艺和系统运行调控等一批关键技术，把中华乌塘鳢、大弹涂鱼、泥蚶、秋茄、海蓬子和底栖硅藻等处于不同生态位的生物、功能区通过设施构建和水体流动耦合串联，实现系统内输入能量的多层次分级充分利用、系统的可持续运转和显著的生态、经济、社会效益。

第一节　人工红树林湿地概况

一、人工红树林湿地的发展

人工湿地是由天然湿地发展而来，通过模拟其结构和功能，根据天然湿地净化污水的原理设计与建造具有可控性和工程化的特殊生态系统，是一种新兴的污水生态处理工程技术。人工湿地是主要利用基质、动植物和微生物之间的一系列物理、化学与生物的三种协同作用来改善水质，实现对污水的生态化处理。与传统的污水处理技术相比，人工湿地具有污水净化效果好、投资运行费用低、耗能低、工艺简单、抗冲击力强、管理维护方便等特点。人工湿地也被用于处理海水养殖废水。

通过建造红树林湿地进行一系列关于循环水养殖过程的水净化的研究，结果表明，在用种植红树林的池塘进行水交换后，虾生长更快。观察到人工湿地处理后总氮的减少，但是在所有处理中沉积物和水中磷酸盐均增加（Shimoda et al.，2007）。在对虾养殖与人工湿地处理结合的模型试验中，种植红树林的湿地对悬浮颗粒物、生物需氧量、总有机碳、总氮和总磷的去除率远高于对照湿地（Sansanayuth et al.,1996）。人工湿地用于净化高盐度海水养殖废水的研究表明，由于红树林幼苗的种植，悬浮颗粒物、生物需氧量和总磷的去除率得到了提高（Su et al.，2011），且水处理效果与停留时间成正比，实现了更高质量的去除效果。因此，开发了将红树林作为生物过滤器而整合的可持续性虾类养殖的想法。

二、人工红树林湿地的构建

（一）技术原理

转变养殖方式是推进海水养殖产业绿色发展的重要环节，当前滨海湿地丧失、养殖尾水超标排放、病害频发、水产养殖兽药不规范及药残等问题突出。不断推进养殖污水多级利用技术革新，建设大型人工红树林湿地、生态塘、复合型潜流湿地和高效低耗型水处理系统等水处理工程设施，并优化净水工艺。通过攻克耦合养殖系统内设施构建工艺、不同生态位品种选择及配套养殖技术、病害生物防控、系统循环水处理工艺、系统养殖容量模型构建及评估和系统运行调控等一批关键技术，把虾、贝、鱼、红树林、海水蔬菜等处于不同生态位的品种、养殖区通过设施构建与水体流动耦合串联，实现系统内输入能量的多层次分级充分利用，并通过解决系统的养殖容量及调控措施，实现了系统的可持续运转和显著的生态、经济、社会效益，促进渔民增收、渔业增效。

（二）人工红树林湿地的构建情况

该红树林湿地位于浙江省温州市永兴围垦南片的大型海水生态循环养殖示范基地内。该基地占地面积约$17.8hm^2$，其中贝类良种繁育温室$0.37hm^2$、对虾高位精养池$2.3hm^2$、开放性养殖塘$5hm^2$、生态净化塘$2hm^2$、红树林湿地$1.33hm^2$、复合型潜流湿地$0.1hm^2$（图9-1）。在减量增收、提质增效的前提下，选择经济价值高、生产周期短的南美对虾和滩涂贝类苗种为主要产出品种，以耐盐植物秋茄、海蓬子、泥蚶、缢蛏等为主要净化品种。通过构建高位精养池、温室、贝类养殖塘、生态净化塘、人工红树林湿地、潜流湿地和成套化水处理系统等养殖设施与尾水处理工艺，提升系统水处理能力，拓展系统养殖承载力。温室、高位精养池、贝类养殖池、红树林湿地与潜流湿地、生态净化塘和尾水处理系统占地预设比例为2∶2∶10∶2∶6∶1，按照边建设边运行边调整优化的思路不断完善设施。高位精养池养殖功能区主要开展能量输入型（投饵）养殖生产活动，富含微藻的上表水直接进入滩涂贝类苗种繁育温室，含养殖排泄物及残饵的下表水经尾水系统处理，降低污染负荷，经循环"跑道"，进入贝类滤食功能区，排泄物和微小颗粒残饵经分解被贝类滤食利用后，澄清的养殖废水进入人工红树林湿地功能区，该功能区以红树植物为主，海水蔬菜为辅，充分利用养殖废水的营养盐后再进入生态净化功能区，该功能区养殖滤食性鱼类和刮食性鱼类，以进一步利用养殖废水中的营养物（转为微藻），同时发挥水体自净作用，最后经过复合型潜流湿地净化、砂滤和超滤重新用于高位精养池养殖和贝类苗种繁育。

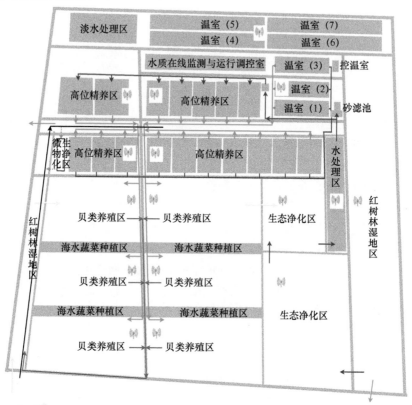

海区进水；
雨季排出淡水；
养殖废水净化、沉淀、过滤及重利用；
含粪便及残饵的养殖废水经循环跑道排入贝塘；
养殖废水经贝类滤食后排入红树林区；
干道、堤坝或塘基；
废水经过微生物净化处理；
智能水质传感器

图9-1 红树林人工湿地示意图

第二节 人工红树林湿地地埋管道原位生态养殖系统构建及特征

地埋管道原位生态养殖系统各组成部分的设施构建及优化，包括人工湿地宜林化生境改造、植被种植及底栖动物养殖系统构建、增氧和供水设施优化等。通过引进广西红树林研究中心的地埋管道原位生态养殖系统设计，在温州市永兴围垦南片的人工红树林湿地建设地埋管道原位生态养殖系统。

一、人工湿地功能分区

人工红树林湿地总面积为13亩，其中，栽种的红树植物主要为耐低温的秋茄，少量栽种桐花树和海檬果。人工红树林湿地处理海水养殖废水，处理方法的选择取决于三个主要方面：可用空间、经济效益和生态效益。为了达到养殖产出、水质净化、景观美化等目的，将人工红树林湿地进行功能分区。

根据红树植物在人工湿地内的疏密程度，将人工红树林湿地依次划分为4个区域，即红树植物净化区、集约化养殖区、大弹涂鱼增殖区和滩涂贝类放养区（图9-2）。①红树植物净化区总面积8亩，红树植物密度较大，平均株高约为2m，株间距为20cm，行间距为30cm，因植株间距太小，阳光难以直射地表，底栖动物数量稀少，适宜于鸟类的繁殖和保育，主要功能为水质净化。②集约化养殖区红树植物较少，适宜于小范围的工程建设，地埋管道原位生态养殖系统就构建于该区。故铺设直径2500mm×高1500mm的养殖水箱，材质为FRP（纤维增强复合材料），水箱底部内嵌内径200mm直通，作为排污和出水管道。每个养殖水箱共连接3条长度12m、直径200mm的PVC管道，作为鱼类的栖息场所，该区主要功能为集约化养殖。③大弹涂鱼增殖区内红树植物树龄较小，植株间距为30cm，行间距为40cm，阳光可直射地表，底栖藻类等天然饵料丰富，适宜大弹涂鱼等底栖动物增殖，该区域的地势略高于其他区域，以适应大弹涂鱼定期干露的习性和红树植物生长。④滩涂贝类放养区为无林区域，阳光直射地表，底质为粉沙质软泥，适宜底栖硅藻等天然饵料生长，且无林区域适宜人工管理，因此该区域可投放滩涂贝类，提高养殖废水中浮游植物的去除率，同时提高人工红树林湿地的经济效益。

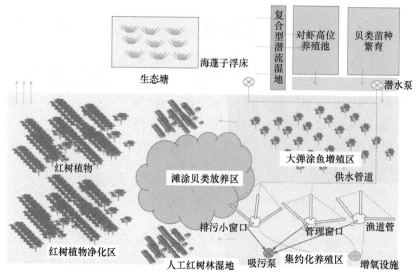

图9-2　人工红树林湿地中地埋管道原位生态养殖系统示意图

二、地埋管道原位生态养殖系统的运行特征

　　地埋管道原位生态养殖系统的运行由人工红树林湿地和生态塘两部分组成。对虾养殖的低浓度养殖废水和贝苗繁育尾水直接排放,进入红树林湿地,净化处理后的水体排入生态塘,养殖用水长期蓄积在生态塘中,经沉淀、复合型潜流湿地净化、砂滤和超过滤等过程,再次用于对虾养殖和贝苗繁育。

　　通过电能驱动,调节人工红树林湿地水位和浸淹时间,水力停留时间通常为1～2d。水体负荷和水力停留时间是影响人工红树林湿地水质净化效果的关键因素,长期处于淹水状态下的红树植物生长不良,最终可能导致死亡。因此,将人工红树林湿地中的水体定期排入生态塘,缩短红树淹水时间,同时回收养殖废水,满足养殖生产的大量用水需求。池塘水体表层构建有北美海蓬子(*Salicornia bigelovii*)生态浮床,北美海蓬子为一年生耐盐植物,根系发达,有净化水体的生态功能。生态塘中十足类、糠虾类和磷虾类等可摄食的天然饵料较多,安装潜水电泵于生态塘之中,将该池塘的水源经过供水管道输送至地埋管道系统,水体携带的天然饵料进入养殖系统,被养殖鱼类所摄食。集约化养殖功能区排放的尾水,流经大弹涂鱼增殖区和滩涂贝类放养区,经微生物分解、贝类滤食和红树净化,重新回到生态塘中(图9-3)。

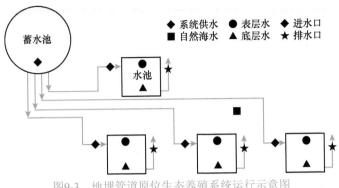

图9-3　地埋管道原位生态养殖系统运行示意图

第三节　人工红树林湿地地埋管道原位生态养殖系统高效协同养殖品种的选择

一、多营养层次综合养殖模式

多营养层次综合养殖（IMTA）是一种已被证实可用于解决温带水域的水产养殖业导致的海洋污染问题的生态系统手段。通过投饵型养殖（如鱼和虾）和非投饵型养殖（如海藻和贝类）的整合，基于海藻与红树林的综合养殖技术对环境可持续性发挥着重要作用。基于此，某一物种产生的残饵、粪便和代谢排泄物等将成为另一物种生长所需的营养，从而产生一种天然的自净机制。通过去除超量营养物质来平衡近岸生态系统，并提供具有经济价值的副产品，这些技术已经被作为发展环保型养殖规范和资源管理的手段。在人工红树林湿地构建肉食性底栖鱼类、营养吸收性滩涂贝类、植食性或杂食性底栖鱼类生态混养体系，结合浮游、底栖藻类等天然饵料增殖技术，实现人工湿地内营养成分与能量的综合利用。

二、人工红树林-生态塘适宜养殖品种

海水养殖种类按养殖方式分投饵型和不投饵型两种。不投饵的贝-藻等滤食性或自养性品种，具有生产成本低、投入少、营养层次低且具有食物转化效率高和产出量大的优势。地埋管道原位生态养殖系统是由不同营养级生物组成的综合养殖系统，在集约化养殖区养殖投饵动物，在红树植物稀少或幼林区域放养不投饵的大弹涂鱼，在光滩区域放养滤食性的滩涂贝类（泥蚶、青蛤、菲律宾蛤仔等），而红树植物密林区作为候鸟栖息地。在生态塘种植海水蔬菜，放养滤食性、杂食性和肉食性鱼类。经养殖试验，人工红树林湿地适宜养殖品种包括鱼类：中华乌塘鳢、大弹

涂鱼、鲻鱼、梭鱼、蓝子鱼、斑鰶；贝类：泥蚶、毛蚶、菲律宾蛤仔、青蛤和缢蛏等。生态塘中适宜放养的品种为大黄鱼、黑鲷、美国红鱼、篮子鱼、斑鰶、鲻鱼和梭鱼。

三、人工红树林-生态塘混养体系

通过资料检索、市场调查和养殖试验，为了达到稳产的目的，选取中华乌塘鳢为主要品种进行集约化养殖，搭配篮子鱼清洁养殖水箱（摄食浒苔）、梭鱼鲻鱼为残饵利用品种（杂食性）。在光滩区域放养泥蚶，存活率高，泥蚶市场均价为20元/kg以上，市场空间大。结合底栖藻类等天然饵料增殖技术，辅以微生物制剂的应用，在林间间隙较大的区域放养大弹涂鱼。在人工红树林湿地构建鱼-贝多营养层次生态混养体系，充分利用地下部、光滩、林间空隙等可用空间。

生态塘中种植北美海蓬子等海水蔬菜，塘中以大黄鱼和黑鲷两种经济价值高的鱼类为主养品种，再放养篮子鱼、斑鰶、鲻鱼和梭鱼等品种，轮捕轮放，养殖全程不投喂饵料，充分利用水体中十足类、糠虾类、磷虾类、鰕虎鱼类和浮游植物等天然饵料。

通过上述的混养体系配置，形成了红树林人工红树林-生态塘混养体系金字塔（图9-4）。

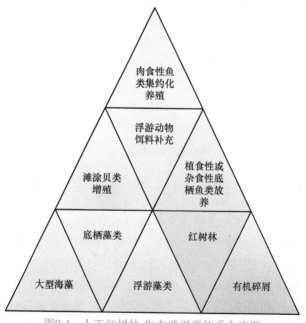

图9-4　人工红树林-生态塘混养体系金字塔

第四节　人工红树林湿地养殖技术效果

一、中华乌塘鳢养殖

（一）养殖概况

中华乌塘鳢（*Bostrychus sinensis*）是凶猛肉食性小型鱼类，穴居于我国东南沿海潮间带滩涂。该鱼耐干露（离水时间可长达一周）、生命力强、易饲养、便于鲜活运输，且具有药用价值，是一种高级滋补品，畅销于广东、香港、澳门、浙江、福建和广西等市场，近年来广受养殖户青睐。20世纪90年代初，我国开始人工养殖中华乌塘鳢，发展至今已形成一定规模，目前在福建、广西、广东和浙江等地均有养殖，以池塘养殖为主。该养殖模式以池底铺瓦筒、瓦片、大口径竹筒、PVC管道等作为栖息隐蔽物，投喂冰鲜小杂鱼饵料为主。2017年分别在地埋管道系统中按D1（280尾）、D2（350尾）、D3（420尾）三种密度投放中华乌塘鳢苗种，平均规格为（56.38±6.52）g/尾，经4个月养殖，三种密度中华乌塘鳢重量分别为110.15g、102.85g、105.62g，生长性能没有显著性差异（$P > 0.05$），中密度组肥满度最高。低密度组特定生长率优于中高密度组。试验结果表明，在溶解氧充足的条件下，单个养殖窗口放养密度在280~420尾对中华乌塘鳢生长性能没有显著性影响，中华乌塘鳢适宜高密度养殖（表9-1）。因试验期间三个密度组均发生不同程度的细菌性疾病（肠炎）和寄生虫病（海水鱼蛭病），导致存活率均低于80%。经养殖试验发现，夏季水温高，弧菌等条件性致病菌在底质不良、水体中营养盐含量偏高的条件下，容易大量繁殖，易引起鱼体发生疾病。养殖过程中应采用中草药剂、微生物制剂等预防疾病。

表9-1　2017年养殖密度对中华乌塘鳢生长性能影响试验

生长性能	D1（280尾）	D2（350尾）	D（420尾）
初始体重IBM（g）	57.68	55.15	58.35
终末体重FBM（g）	110.15	102.85	105.62
终末体长（cm）	16.80	16.10	17.10
存活率SR（%）	62.52	72.06	77.46
特定生长率SGR（%）	0.54	0.48	0.50
肥满度CF	2.32	2.46	2.11

在2017年试验基础上，为预防鱼病、提高饵料利用率，地埋管道养殖系统中

溶解氧含量保持在5mg/L，24h流水，日常流水量为1m³/h，定期吸污来清洁养殖系统。建立管道混养体系：主养中华乌塘鳢（420尾）；投放清洁物种：蓝子鱼（30尾）（摄食浒苔）；杂食性物种：斑鰶、梭鱼（各20尾）（摄食浮游植物）；特色品种：大黄鱼（20尾）；排污小窗口：悬挂牡蛎（10kg）。同时，建立鱼病预防养殖技术方案：采用黄芩、黄柏、大黄、黄连、甘草配置具有杀菌解毒作用的中草药剂，每2周泼洒一次，药浴时间不低于4h。同时，中草药剂使用24h后泼洒活化后的EM菌发酵液、芽孢杆菌发酵液、乳酸杆菌发酵液等微生物制剂，水体活菌量为1×10^9CFU/m³。投放42.3g/尾的中华乌塘鳢，养殖周期为80d，单个养殖窗口平均产量为45.55kg，混养平均产量为54.25kg（表9-2）。

表9-2　地埋管道养殖系统中多品种混养产出

品种	收获规格（g/尾）	平均产量（kg）
中华乌塘鳢	118.13	45.55
蓝子鱼	90.00	2.30
斑鰶	35.00	0.60
梭鱼	140.00	2.80
大黄鱼	150.00	3.00
牡蛎	—	18.00

（二）中华乌塘鳢饵料种类选择

饵料的选择是中华乌塘鳢养殖成功的关键之一，目前小杂鱼是中华乌塘鳢的主要饵料。一方面，以小杂鱼为饵料不利于海洋幼鱼资源的保护，另一方面，小杂鱼饵料系数高、营养组成不全面，难以满足中华乌塘鳢生长及抗逆、抗病的需求，残饵较多，鱼糜分散导致水质污染严重，不符合绿色发展的理念。

试验期间分别采用脊尾白虾、滩涂贝类（菲律宾蛤仔、缢蛏）、商业鳗鱼饵料、对虾饵料、青蟹饵料、膨化鱼饵料、虾干、蛤蜊干等分别投喂中华乌塘鳢，观察研究发现，中华乌塘鳢喜好摄食脊尾白虾、鱼糜等饵料，其次为滩涂贝类等鲜活饵料和商业鳗鱼饵料，基本不摄食浮性膨化饵料，少量摄食沉性膨化饵料（如对虾和青蟹饵料）、虾干、蛤蜊干（表9-3）。饵料的水分含量、适口性和营养成分是影响中华乌塘鳢对饵料喜好程度的关键因素。

表9-3　中华乌塘鳢对饵料种类的喜好程度

饵料	喜好程度
活饵料：脊尾白虾	★★★★★
活饵料：滩涂贝类（菲律宾蛤仔、缢蛏）	★★★
海水小杂鱼糜	★★★★★
淡水花鲢、白鲢鱼糜	★★★★★
商业鳗鱼饵料（面团）	★★★
对虾饵料	★★
青蟹饵料	★★
膨化鱼饵料	★
虾干	★★
蛤蜊干	★★

注：★，低；★★，较低；★★★，中；★★★★，较高；★★★★★，高

　　基于上述观察结果，实施商业鳗鱼饵料配合饵料和白鲢鱼肉替代小杂鱼的试验。三种饵料中商业鳗鱼饵料的蛋白含量最高为47g/100g、梅童鱼的粗脂肪含量最高为13g/100g，白鲢鱼肉与中华乌塘鳢营养成分相近（表9-4）。研究结果表明，饵料种类显著影响中华乌塘鳢的生长性能，收获规格、存活率、特定生长率存在显著性差异（$P<0.05$）。在梅童鱼、白鲢和商业鳗鱼饵料三种饵料中，白鲢投喂组生长最快，特定生长率为（1.36 ± 0.32）%，梅童鱼投喂组存活率最低，仅为78.57%，商业鳗鱼饵料投喂组存活率最高为90.24%（表9-5）。综上，白鲢鱼肉投喂中华乌塘鳢可以提高生长速率，缩短养殖周期。

表9-4　饵料种类和饲喂品种的营养成分表

营养成分	白鲢	梅童鱼	商业鳗鱼饵料	中华乌塘鳢
蛋白质（g/100g）	19	18	47	18
水分（g/100g）	77	67	6	77
灰分（g/100g）	1	2	15	2
脂肪（g/100g）	2	13	9	2

表9-5　饵料种类对中华乌塘鳢生长性能的影响

生长性能	白鲢	梅童鱼	商业鳗鱼饵料
初始体重IBM（g）	42.70±1.86	44.69±1.95	42.58±2.15
终末体重FBM（g）	126.99±15.46[a]	115.11±18.12[b]	112.29±18.73[b]
终末体长（cm）	17.80±1.25	17.40±1.18	17.30±1.12

续表

生长性能	白鲢	梅童鱼	商业鳗鱼饵料
存活率SR（%）	87.32±1.25[a]	78.57±3.73[b]	90.24±2.14[a]
特定生长率SGR（%）	1.36±0.32[a]	1.18±0.28[b]	1.21±0.35[b]
肥满度CF	2.25±0.18	2.19±0.16	2.17±0.15
产量（kg）	46.61	41.91	48.13

注：同行中上标不同小写字母代表在0.05水平上差异显著

（三）养殖管理

1. 溶解氧含量

中华乌塘鳢耐低氧，因而在养殖中容易形成误区，即养殖过程中可以不充氧，但经养殖试验发现，不充氧的流水养殖在底质不良时，鱼体易引发疾病，出现烂身、烂尾、烂皮等症状。高密度养殖需要增加增氧设施，以满足鱼体的大量耗氧需求，同时，溶解氧含量较低时，致病性细菌容易繁殖，因此，需提高养殖系统中溶解氧含量，有助于产量的提升和保持稳定的产出。

2. 排污设施

因养殖管理窗口是埋设于地下部，在养殖过程中，沉积物缓慢淤积于排污窗口和养殖窗口底部，而在底质不良时，将导致致病性细菌大量滋生，感染鱼体，因此需要定期清理淤泥，而反复捕捞清理等养殖活动工作量较大。针对于此，在集约化养殖区域配备吸污泵，每天定时抽取排污小窗口底部的淤泥，擦拭养殖窗口底部。保持养殖环境清洁是预防疾病的关键举措。

3. 声学驯化技术

水产养殖业绿色发展指导文件指出，实施配合饵料替代小杂鱼行动，严格限制小杂鱼等直接投喂。试验期间采用商业鳗鱼饵料配合饵料和白鲢鱼肉替代小杂鱼，取得了较好的成效，白鲢鱼肉经过去鳞片和骨刺，切碎为适口小块（非鱼糜），可最大限度地减少水质污染。研究发现，每天定时定点投喂，有助于中华乌塘鳢形成较好的摄食记忆，先集群再投喂，可以提高饵料利用率，且中华乌塘鳢对声信号反馈良好。因此，应用声学驯化技术，每天在喂食前播放适宜的声信号，一方面，减少摄食时间，提高饵料利用率；另一方面，缩短饵料替代的驯化周期，探索更优质的饵料。

二、泥蚶养殖

菲律宾蛤仔、青蛤、泥蚶、缢蛏、毛蚶、泥蚶均适宜于红树林区域养殖，综合考虑泥质、经济价值、销售市场、产量和收获成本等因素，选取泥蚶为红树林光滩区域的主要养殖对象。泥蚶（*Tegillarca granosa*）是滩涂广温性双壳贝类，广泛分布于黄海、渤海以南沿海地区，是我国四大传统养殖贝类之一，主要栖息于泥质滩涂潮间带。在红树林湿地开展了泥蚶的适宜养殖密度研究，设定4个养殖密度的处理组，以不放养滩涂贝类的空白组作为对照，放养密度分别为300粒/m²、400粒/m²、500粒/m²和600粒/m²。实验期间采用虾塘上表水灌溉，提供足量的饵料。研究结果显示，在饵料充足的条件下，规格约3g/粒的泥蚶苗种适宜养殖密度为300～400粒/m²（图9-5），月均增长率约为0.5g/粒。在红树林区域投放473粒/kg的苗种，养殖一年可生长至143粒/kg（表9-6）。

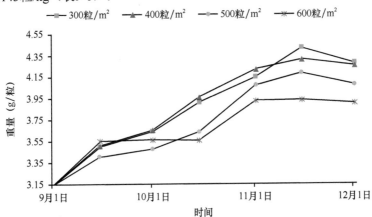

图9-5　放养密度对泥蚶生长性能的影响

表9-6　红树林区泥蚶的生长情况

时间	壳长（mm）	壳宽（mm）	湿重（g/粒）
201611	17.98±1.86	13.27±1.38	2.11±0.55
201701	20.74±1.86	15.53±1.38	2.62±0.71
201703	22.48±1.21	17.42±1.45	3.36±0.69
201705	23.88±1.54	17.96±1.04	4.35±0.81
201707	25.39±1.72	19.54±1.27	6.10±1.17
201709	27.22±2.13	20.75±1.82	6.99±1.83

三、大弹涂鱼养殖

大弹涂鱼（*Boleophthalmus pectinirostris*）隶属于鲈形目、弹涂鱼科、大弹涂鱼属，为广温、广盐性鱼类，生活于河口港湾潮间带淤泥滩涂及红树林区。因其肉味鲜美，畅销于中国浙江、福建、广东、台湾和日本等地，是一种市场前景广阔的滩涂经济鱼类，具有适应性强、食物链短、鱼病少和耐长途运输等特点。东南沿海大弹涂鱼养殖起步于20世纪80年代，随后高速发展，至2004年，东南沿海养殖面积达到13 000hm²。近年来，沿海滩涂被大量围垦，大弹涂鱼养殖面积不断缩减，而池塘养殖成本不断提高，导致大弹涂鱼养殖经济效益下降。

基于上述存在的问题，开展了红树林区虾塘水灌溉养殖大弹涂鱼的技术研究，包括养殖密度、生长研究和饵料组成等方面，与自然海水灌溉的红树林区养殖大弹涂鱼的生长情况作对比。研究结果显示，放养密度、饵料和温度是影响大弹涂鱼生长进程的主要因素（图9-6）。其中，天然饵料丰度是限制大弹涂鱼生长的关键因素。低浓度虾塘养殖废水灌溉养殖的大弹涂鱼生长速率明显优于自然海水组，虾塘上表水灌溉有助于增加底栖饵料丰度和食物来源。2015年4月放养平均规格为4g/尾的大弹涂鱼，养殖周期为1年，即可生长至20g/尾以上。首先，苗种放养密度宜控制在4～8尾/m²，养殖密度作为一种环境胁迫，密度过高可导致饵料丰度降低、资源空间竞争加剧、生长性能降低；其次，饵料丰度直接影响摄食情况，经肠胃内含物分析，大弹涂鱼主食底栖硅藻和有机碎屑，模拟自然潮汐定时干露，晾晒滩涂有利于底栖硅藻进行光合作用；再次，利用适宜生长温度季节的养殖契机，在温州地区，6月大弹涂鱼生长最快，养早苗可缩短养殖周期，避免低温胁迫导致大弹涂鱼存活率降低，从而提高养殖效益。大弹涂鱼幼鱼在5℃左右开始死亡，在冬季主要采取高水

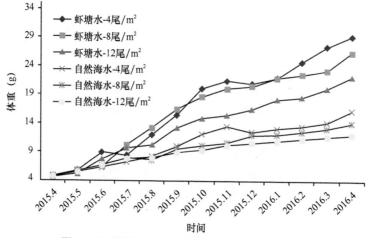

图9-6　红树林区与自然滩涂大弹涂鱼的生长曲线

位法，可有效缓解低温胁迫对大弹涂鱼的伤害，从12月初开始，逐渐加高红树林湿地的水位。此外，随着大弹涂鱼个体变大，耐低温性能逐渐增强，越冬期间存活率明显提高，大规格苗种（体长120～130mm），存活率最高为91.67%（图9-7）。

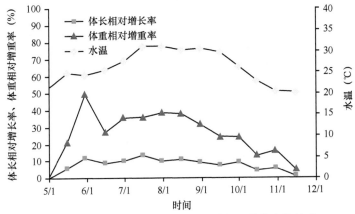

图9-7　水温与大弹涂鱼体长和体重相对增长率的关系

第五节　效益分析

一、经济效益分析

基于地埋管道技术的红树林综合养殖模式，地下部养殖中华乌塘鳢，林间间隙放养大弹涂鱼，光滩区域放养泥蚶。大弹涂鱼养殖面积为3亩，放养数量为2.4万尾，苗种放养1年后，收获规格按平均50尾/kg计，亩产量为50.2kg，市场均价为100元/kg，亩产值为5020元/亩（表9-7）。中华乌塘鳢放养密度为420尾/桶，放养规格为43g/尾，养殖周期为3个月，收获规格为118.13g/尾，3套养殖系统共收获136.65kg，3套系统共占地面积2亩，产量为68.3kg/亩。按市场价120元/kg计，中华乌塘鳢养殖效益为8196元/亩（表9-7）。泥蚶养殖面积为2亩，放养密度为230kg/亩，投放规格为473粒/kg，养殖一年生长至143粒/kg，泥蚶产量为308.1kg/亩，按市场价格20元/kg计，泥蚶的养殖效益为6162元/亩。红树林综合养殖模式占地面积小，养殖面积约占总面积的1/2，总产量为426.6kg/亩，总产值为19378元/亩，可达高位精养池模式产值的29.7%（表9-7）。

表9-7 红树林综合养殖模式与高位精养池模式效益对比

模式	品种	苗种成本 （元/亩）	饵料成本 （元/亩）	产量 （kg/亩）	单价 （元/kg）	产值 （元/亩）	利润 （元/亩）
红树林综合养殖 模式	中华乌塘鳢	1 568	1 310	68.3	120.00	8 196	5 318
	大弹涂鱼	1 667	—	50.2	100.00	5 020	3 353
	泥蚶	2 300	—	308.1	20.00	6 162	3 862
高位精养池模式	南美白对虾	3 600	15 510	1 551	42.00	65 142	46 032

二、生 态 效 益

　　人工红树林湿地的主要生态功能为减排、固碳和生物栖息地，第一，减少氮污染物的排放；第二，固碳作用；第三，作为生物栖息地。人工红树林湿地植株茂密，为各种生物提供了合适的栖息地。来自养殖废水和植被的碎屑被微生物和无脊椎动物降解。在湿地中鸟类多样化程度很高，因为很多鸟类在其生命周期的至少一部分是利用湿地作为栖息地的。在人工红树林湿地中发现了各种鸟类，其中以苍鹭和白鹭最常见，种群数量达到数百只。为了优化人工红树林湿地的生态功能，湿地中接近2/3的面积是不开发，该区域植物覆盖率最高，是主要的水质净化功能区，同时也是鸟类的繁殖栖息地。由于土地复垦和堤防建设，人工红树林湿地的主要生态效益是弥补全球盐沼与红树林栖息地的损失。

参 考 文 献

Shimoda T, Fujioka Y, Srithong C, et al. 2007. Effect of water exchange with mangrove enclosures based on nitrogen budget in Penaeus monodon aquaculture ponds. Fisheries Science, 73(2): 221-226.

Sansanayuth P, Phadungchep A, Ngammontha S, et al. 1996. Shrimp pond effluent: pollution problems and treatment by constructed wetlands. Water Science and Technology, 34(11): 93-98.

Su Y M, Lin Y F, Jing S R, et al. 2011. Plant growth and the performance of mangrove wetland microcosms for mariculture effluent depuration. Marine Pollution Bulletin, 62(7): 1455-1463.